自动控制理论

主　编　辛海燕
副主编　李永梅　刘丽丽　左　梅

东南大学出版社
SOUTHEAST UNIVERSITY PRESS
·南京·

内容提要

本书共安排了七章内容:第一章讲述自动控制系统的基本概念;第二章讲述自动控制系统的数学模型;第三章讲述自动控制系统的时域分析法;第四章讲述根轨迹法;第五章讲述自动控制系统的频域法;第六章讲述控制系统的校正;第七章讲述 MATLAB 在自动控制系统分析中的应用。

本书适用于自动控制类、电子信息科学类、机械类、电气类等相关专业作为教材,也可供有关科技人员参考。

图书在版编目(CIP)数据

自动控制理论 / 辛海燕主编. — 南京:东南大学出版社,2018.1(2021.3重印)
ISBN 978 - 7 - 5641 - 7649 - 5

Ⅰ. ①自… Ⅱ. ①辛… Ⅲ. ①自动控制理论-高等学校-教材 Ⅳ. ①TP13

中国版本图书馆 CIP 数据核字(2018)第 034823 号

自动控制理论

出版发行	东南大学出版社
出 版 人	江建中
社　　址	南京市四牌楼 2 号
邮　　编	210096
网　　址	http://www.seupress.com
经　　销	全国各地新华书店
印　　刷	兴化印刷有限责任公司
开　　本	787 mm×1092 mm　1/16
印　　张	12.75
字　　数	320 千字
版　　次	2018 年 1 月第 1 版
印　　次	2021 年 3 月第 2 次印刷
书　　号	ISBN 978 - 7 - 5641 - 7649 - 5
定　　价	38.00 元

＊ 本社图书若有印装质量问题,请直接与营销部联系,电话:025 - 83791830

前　言

自动控制理论是研究自动控制共同规律的技术科学。它的发展初期,是以反馈理论为基础的自动调节原理,主要用于工业控制。二战期间为了设计和制造飞机及船用自动驾驶仪、火炮定位系统、雷达跟踪系统以及其他基于反馈原理的军用设备,进一步促进并完善了自动控制理论的发展。到战后,已形成完整的自动控制理论体系,以传递函数为基础的经典控制理论,它主要研究单输入单输出的线性定常数系统的分析和设计问题。目前,自动控制理论的概念、方法和体系已经渗透到许多学科领域,诸如宇宙航行、导弹制导、导弹防御体系等一些高精度控制问题,在科学技术现代化的发展与创新过程中,正在发挥着越来越重要的作用。

为了适应应用型本科教学的需要,根据相应的教学大纲和学时安排,以实际应用为背景,选取了经典控制理论基础部分作为内容,编写本教材。本教材适用于自动控制类、电子信息科学类、机械类、电气类等相关专业作为教材,也可供有关科技人员参考。

本教材在编写中遵循以下两方面:在结构上,充分考虑经典控制理论体系的发展形成特点及认识规律,遵循传统模式,即"建模-分析-校正",又注重将计算机辅助设计融为一体;在内容上,既注重基本概念、基本理论方法的阐述,力求概念清楚,思路清晰,循序渐进,同时又注重理论与实际相融合,深入浅出,精选典型例题与习题,便于教学和自学。

本教材共安排了七章内容。第一章讲述自动控制系统的基本概念;第二章讲述自动控制系统的数学模型;第三章讲述自动控制系统的时域分析法;第四章讲述根轨迹法;第五章讲述自动控制系统的频域法;第六章讲述控制系统的校正;第七章讲述 MATLAB在自动控制系统分析中的应用。

本教材由东南大学成贤学院自动控制理论课题组编写,辛海燕担任主编,对全书进行了统稿,李永梅、刘丽丽、左梅担任副主编。辛海燕、李永梅、刘丽丽编写第一～六章,左梅编写第七章,许立峰从专业角度给出了建议和支持并完成了部分章节的校阅工作。在本书编写与出版期间,得到了东南大学成贤学院和东南大学出版社的大力支持和帮助,在此深表感谢!

由于时间仓促,加之我们水平有限,错误和不妥在所难免,恳请广大读者谅解,并不吝指正,我们将不胜感激!

辛海燕

2017 年 9 月于南京

目 录

第一章 自动控制系统的基本概念 ……………………………………………… 1

  1.1 绪论 ……………………………………………………………………… 1

    1.1.1 自动控制技术 …………………………………………………… 1

    1.1.2 自动控制技术的发展概况 ……………………………………… 1

    1.1.3 自动控制理论 …………………………………………………… 2

  1.2 自动控制的任务 ………………………………………………………… 2

  1.3 自动控制的基本方式 …………………………………………………… 3

    1.3.1 按输入量操纵的开环控制 ……………………………………… 4

    1.3.2 按扰动补偿的开环控制 ………………………………………… 5

    1.3.3 按偏差调节的闭环控制 ………………………………………… 6

    1.3.4 复合控制 ………………………………………………………… 7

  1.4 闭环控制系统的组成和基本环节 ……………………………………… 8

    1.4.1 闭环控制系统结构框图 ………………………………………… 8

    1.4.2 闭环控制系统的基本环节 ……………………………………… 8

    1.4.3 控制系统中的专用术语 ………………………………………… 9

  1.5 自动控制系统的分类 …………………………………………………… 10

    1.5.1 线性系统和非线性系统 ………………………………………… 10

    1.5.2 定常系统和时变系统 …………………………………………… 11

    1.5.3 连续系统与离散系统 …………………………………………… 11

    1.5.4 恒值系统、随动系统和程序控制系统 ………………………… 11

  1.6 自动控制系统的性能要求 ……………………………………………… 12

    1.6.1 稳 ………………………………………………………………… 12

    1.6.2 快 ………………………………………………………………… 12

    1.6.3 准 ………………………………………………………………… 12

  习 题 ………………………………………………………………………… 13

第二章 自动控制系统的数学模型 ……………………………………………… 14

  2.1 控制系统微分方程的建立 ……………………………………………… 14

2.1.1 机械系统 ……………………………………… 15

2.1.2 电路系统 ……………………………………… 17

2.1.3 非线性微分方程小偏差线性化 …………………… 18

2.2 传递函数 …………………………………………… 20

2.2.1 传递函数的概念 ………………………………… 20

2.2.2 传递函数的定义 ………………………………… 21

2.2.3 关于传递函数的几点说明 ……………………… 22

2.2.4 典型环节的传递函数 …………………………… 23

2.3 系统动态结构图 …………………………………… 28

2.3.1 动态结构图的组成 ……………………………… 28

2.3.2 系统动态结构图的建立 ………………………… 29

2.3.3 传递函数和结构图的等效变换 ………………… 30

2.4 信号流图与梅森公式 ……………………………… 40

2.4.1 信号流图中的术语 ……………………………… 40

2.4.2 信号流图的绘制 ………………………………… 40

2.4.3 梅森公式(S. J. Mason) ………………………… 40

习 题 ……………………………………………………… 44

第三章 自动控制系统时域分析 ………………………… 47

3.1 典型输入信号及性能指标 ………………………… 47

3.1.1 典型输入信号 …………………………………… 47

3.1.2 典型初始状态 …………………………………… 51

3.1.3 典型时间响应 …………………………………… 51

3.1.4 阶跃响应性能指标 ……………………………… 52

3.2 一阶系统分析与计算 ……………………………… 54

3.2.1 一阶系统的数学模型 …………………………… 54

3.2.2 一阶系统的单位阶跃响应 ……………………… 54

3.2.3 一阶系统的单位阶跃响应的性能指标 ………… 55

3.3 二阶系统分析与计算 ……………………………… 56

3.3.1 二阶系统的数学模型 …………………………… 57

3.3.2 二阶系统的特征根及性质 ……………………… 57

3.3.3 二阶系统的单位阶跃响应 ……………………… 58

3.4 高阶系统的时域分析 ……………………………… 68

3.5 系统稳定性分析 …………………………………… 69

3.5.1 稳定的基本概念 ………………………………… 69

3.5.2 稳定的数学条件 ………………………………… 70

3.5.3 代数稳定判据 …………………………………… 72

3.6　系统稳态误差分析 …………………………………………… 79

3.6.1　误差与稳态误差 ………………………………………… 79

3.6.2　稳态误差计算 …………………………………………… 80

3.6.3　系统型别 ………………………………………………… 81

3.6.4　输入信号 $x_r(t)$ 作用下的稳态误差与静态误差系数 …… 82

3.6.5　扰动信号 $x_d(t)$ 作用下的稳态误差 …………………… 86

习　题 …………………………………………………………………… 87

第四章　根轨迹法 ……………………………………………………… 91

4.1　根轨迹法的基本概念 …………………………………………… 91

4.1.1　根轨迹概念 ……………………………………………… 91

4.1.2　根轨迹与系统性能 ……………………………………… 92

4.1.3　闭环零、极点与开环零、极点之间的关系 …………… 93

4.1.4　根轨迹方程 ……………………………………………… 94

4.2　根轨迹绘制的基本法则 ………………………………………… 96

4.3　广义根轨迹 ……………………………………………………… 114

4.3.1　参数根轨迹 ……………………………………………… 115

4.3.2　零度根轨迹 ……………………………………………… 116

4.4　控制系统的根轨迹分析 ………………………………………… 120

4.4.1　用闭环零、极点表示的阶跃响应解析式 ……………… 120

4.4.2　闭环零、极点分布与阶跃响应的定性关系 …………… 121

4.4.3　主导极点与偶极子的概念 ……………………………… 122

4.4.4　利用主导极点估算系统性能 …………………………… 122

习　题 …………………………………………………………………… 125

第五章　自动控制系统频域分析 …………………………………… 128

5.1　频率特性 ………………………………………………………… 128

5.1.1　频率响应 ………………………………………………… 128

5.1.2　频率特性的定义 ………………………………………… 130

5.2　频率特性的图解法 ……………………………………………… 133

5.2.1　极坐标频率特性图 ……………………………………… 133

5.2.2　对数坐标频率特性图 …………………………………… 135

5.3　典型环节的频率特性 …………………………………………… 137

5.4　系统开环频率特性的绘制 ……………………………………… 145

5.4.1　开环幅相特性曲线的绘制 ……………………………… 145

5.4.2　开环对数频率特性的绘制 ……………………………… 149

5.4.3　最小相位系统和非最小相位系统 ……………………… 152

5.5　频率域稳定判据 ………………………………………………… 153

5.5.1 奈奎斯特稳定性判据 ……………………………… 153

5.5.2 对数频率稳定判据 ………………………………… 159

5.5.3 频域法分析系统的相对稳定性 …………………… 161

5.6 开环频率特性分析系统性能 ………………………………… 162

5.6.1 $L(\omega)$ 低频渐近线与系统稳态误差的关系 ……… 163

5.6.2 $L(\omega)$ 中频段特性与系统动态性能的关系 …… 163

5.6.3 $L(\omega)$ 高频段对系统性能的影响 ……………… 167

5.7 闭环频率特性分析系统性能 ………………………………… 167

5.7.1 闭环频率特性 ……………………………………… 167

5.7.2 闭环频域指标与时域指标的关系 ………………… 168

习 题 ………………………………………………………… 170

第六章 自动控制系统的校正 ……………………………………… 173

6.1 控制系统校正的基本概念 …………………………………… 173

6.1.1 系统的性能指标 …………………………………… 173

6.1.2 系统的校正方式 …………………………………… 174

6.1.3 校正装置的设计方法 ……………………………… 175

6.2 串联校正 ……………………………………………………… 176

6.2.1 相位超前校正 ……………………………………… 176

6.2.2 相位滞后校正 ……………………………………… 180

6.2.3 相位滞后-超前校正 ……………………………… 181

习 题 ………………………………………………………… 182

第七章 MATLAB 在控制系统中的应用 ………………………… 184

7.1 控制系统数学模型的 MATLAB 描述 ……………………… 184

7.1.1 传递函数模型 ……………………………………… 184

7.1.2 零极点模型 ………………………………………… 185

7.1.3 MATLAB 在系统方框图化简中的应用 ………… 186

7.2 用 MATLAB 进行时域分析 ………………………………… 187

7.2.1 典型外作用的时域响应 …………………………… 187

7.2.2 系统稳定性分析 …………………………………… 189

7.3 用 MATLAB 绘制系统的根轨迹图 ………………………… 190

7.4 MATLAB 在频域分析中的应用 …………………………… 191

参考文献 ……………………………………………………………… 194

第一章　自动控制系统的基本概念

1.1　绪论

1.1.1　自动控制技术

随着电子计算机技术和其他高新技术的发展,自动控制技术的水平越来越高,应用越来越广泛,作用越来越重要。尤其是在生产过程的自动化、工厂自动化、机器人技术、综合管理工程、航天工程、军事技术等领域,自动控制技术起到了关键作用。学习并掌握好自动控制技术,对于加快我国现代化的建设有着十分重要的意义。

自动控制的某些思想及应用或许可以追溯到久远的古代(如中国古代就有关于指南针和木牛流马的记载),但 1787 年瓦特(Watt)发明了离心式调速器,实现蒸汽机转速的自动调节,使蒸汽机作为转速稳定、安全可控的动力机,并得到了广泛应用,从而引发了第一次工业革命。现代生产过程自动控制技术的出现被认为是第二次工业革命的重要标志。现代生产过程自动控制技术主要具有以下一些重要特点:一是自动控制系统的应用范围不断扩大,控制精度不断提高,智能化程度日益增加;二是自动控制技术不仅仅能代替人无法完成的体力劳动,而且还能大量地代替人的脑力劳动。对于后者,其发展空间将会更为广阔。

1.1.2　自动控制技术的发展概况

回顾自动控制技术的发展历史可以看到,它与生产过程本身的大发展有着密切的联系。生产过程的发展可以概括为以下三句话:从一个简单形式到复杂形式;从局部自动控制到全局自动控制;从低级智能到高级智能的发展过程。

而自动控制技术的发展,大致经历了三个阶段。

第一个阶段:20 世纪 50 年代以前可以归结为自动控制技术发展的第一阶段。在这一时期,自动控制的理论基础是使用传递函数对控制过程进行数学描述,其控制理论以1945 年伯德(Bode)提出的频率法和伊万思(Evans)提出的根轨迹法为基本方法,因而带有明显的依靠人工和经验进行分析和综合的色彩。

第二个阶段:20 世纪 50—60 年代,是自动控制技术发展的第二个阶段,为适应空间探索的需要而发展起来的现代控制理论已经产生,并已在某些尖端技术领域取得了惊人的成就。现代控制理论在综合和分析系统时,已从局部控制进入到在一定意义下的全局最优控制,而且在结构上已从单环控制扩展到多环控制,其功能也从单一因素控制向多因素控制的方向发展,可以说现代控制理论是人们对控制技术在认识上的一次质的飞跃,为实现高水平的自动控制奠定了理论基础。

第三个阶段:进入 20 世纪 70 年代,工业自动化的发展表现出明显的特点,这正是工业过程控制进入第三个阶段的标志。

1.1.3 自动控制理论

自动控制系统一般由控制器和控制对象组成,为了实现自动控制的目的,控制器要遵循一定的控制规律,这就是自动控制理论所研究和阐述的内容。自动控制理论从三个方面对自动控制系统进行研究和阐述:

1. 系统模型

系统是一个广义的概念,它无处不在、无时不有,大到宇宙、小到一个原子都可以看做系统。系统物理形态的多样性要求在研究具体系统时能抛开它的物理属性,而用一种抽象化的表示。通常可以把一个物理系统所处的状态分为运动和静止两种。运动状态是指系统中变化的量尚处于变化过程的状态,而静止状态是指系统中的变量已经达到某一定值并不再变化的状态。系统的动态和静态都会满足一定的规律,若这些规律用数学表达式表示,就得到了系统的数学模型。从形式来看,系统的数学模型只描述了系统中各变量之间的相互关系,不关心它们的物理特征。例如,一个电学系统和一个机械系统可以用同一个数学方程式描述。自动控制系统中较受关注的是系统的动态,所以描述系统动态的方程是控制理论研究的主要对象。

2. 系统分析

已知一个自动控制系统的结构组成,即给出表示系统运动规律的数学模型,研究此系统具有什么样的特征,是自动控制理论所研究的第二方面的问题,即系统分析。经典控制理论主要采用时域、根轨迹以及频域三大分析方法。

3. 系统校正

系统分析是运用一些经典方法研究给定系统的稳、动态性能。而已知对控制系统性能指标的要求,确定控制系统应具有怎样的结构组成才可以满足要求,是系统分析的一个相反过程,是一个逆命题。在自动控制系统中,被控对象、测量变送环节等都是确定的,唯独可变的只有控制环节,故控制系统的结构形式只能在控制环节中实现。也就是说,控制器采用什么样的控制律去满足系统性能指标的要求,这一实现过程称为系统校正。

1.2 自动控制的任务

当今,满足社会发展的各个领域都离不开自动控制,那么,什么是自动控制呢?自动控制的任务是什么?

任何先进的机器设备和生产过程都必须按照预定的规律运行。例如,要使发电机能够正常供电,就必须保持其输出电压恒定,尽量避免负荷变化和原动机转速波动的影响;要使工业热压烧结炉生产出合格的产品,就必须严格控制炉温;要使矿井提升机正常工作,就必须控制其运行速度等。其中发电机、烧结炉、提升机是工作的机器设备;电压、炉温、速度是表征这些设备工作状态的物理量;而额定电压、设定的炉温和速度是对物理量在运行过程中的要求。

在自动控制技术中,通常把这些工作的机器设备称作被控对象;把表征这些设备工作状态的物理量称作被控量;而对物理量在运行过程中的要求值称作给定值或输入量(或参考输入)。

自动控制的任务就是在没有人直接干预下,利用物理装置对生产设备和工艺过程进行合理的控制,使被控制的物理量等于给定值,或者按照一定的规律变化。

如果控制系统的输入量或给定值用 $x_r(t)$ 表示,输出量或被控量用 $x_c(t)$ 表示,则应使被控对象满足:

$$x_r(t) \approx x_c(t) \tag{1-1}$$

式(1-1)是自动控制任务的数学表达式。

自动控制系统是为实现某一控制目标所需要的所有物理部件的有机组合体,一般由控制装置和被控对象组成。

控制装置如何操纵被控对象,来完成自动控制的任务呢? 它与被控对象之间的关系有何特点呢? 有关这些问题将在下一节讲述。

1.3 自动控制的基本方式

自动控制是在没有人直接干预下,利用物理装置对生产设备和工艺过程进行合理的控制,使被控制的物理量等于给定值,或者按照一定的规律变化,即用控制装置来代替人的一部分工作。下面先分析一下人在完成某项任务中所要经历的主要过程和需要具备的基本职能,便于找出控制装置必须具备的智能部件。

人在接受某项任务后,首先要了解实际工作状况,观察实际结果,了解影响正常工作的各种扰动因素,而后将观察的结果与预期的目标相比较、分析,根据分析结果作出决策,并将决策下达执行部门。执行的结果怎么样,是否满足要求,需要再观察、比较、分析,就这样往复地进行,直到实际工作的结果与预期的结果相同,才算完成任务,这一完成任务的工作过程如图1-1所示。

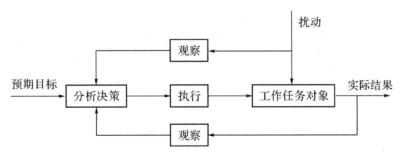

图 1-1 人工智能框图

自动控制即用控制装置来代替人的一部分工作,即用控制装置代替图1-1中的各环节。用工程语言描述它们之间的智能作用,则工作任务对象称作被控对象;工作任务的实际结果称作被控量,预期的目标称作给定值或输入量(或参考输入)。由各种测量变送器或传感器实现观察的任务;由计算机或控制器完成分析决策的任务;由各类执行机构完成执行动作,按照此规则可以得出自动控制系统的结构图,如图1-2所示。

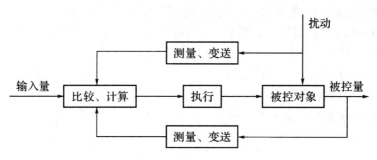

图1-2 自动控制系统结构图

由图1-2可以看出,输入量、扰动量和被控量三种信号共同参与系统控制,下面根据不同信号源分析自动控制系统的几种基本控制方式。

1.3.1 按输入量操纵的开环控制

开环控制只有输入量对输出量产生控制作用,输出量不参与对系统的控制。按输入量操纵的开环控制系统结构如图1-3所示。开环控制具有以下特点:系统输入量与输出量一一对应;只有输入量参与对系统的控制作用,输出量不参与对系统的控制作用;当系统受到外界扰动时,若没有人工干预,输入量和输出量之间的一一对应关系将被改变,即系统的输出量(实际输出)将会偏离输入量(理想输出),也就说明开环系统不具有抗干扰能力。

图1-3 按输入量操纵的开环控制系统结构图

例如:图1-4所示的温度控制系统,控制的任务是保持炉温恒定。

被控对象:电阻炉。

被控量:炉温 T。

工作原理:自耦变压器滑动端的位置对应一个电压值 u_c,也即对应了一个电阻炉的温度值 T,通过控制自耦变压器两端的电压 u_c 来控制电阻炉的温度 T。当电阻炉受到外部干扰(电阻炉门开、关频率变化)或者内部干扰(电源电压的波动)时,炉温 T 将偏离电压 u_c 对应的数值。图1-4所示的温度控制系统可以用图1-5所示的结构图来表示,这是一种典型的开环控制系统。

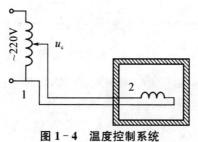

图1-4 温度控制系统

1—控制器(自耦变压器);2—被控对象(电阻炉)

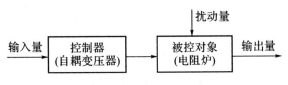

图 1－5　开环控制系统结构图

图 1－4 所示的温度控制系统无法实现温度恒定的控制目标,所以这类开环控制系统只能用于对控制精度要求不高的场合,如自动化流水线、自动洗衣机等都属于开环控制。

1.3.2　按扰动补偿的开环控制

按扰动补偿的开环控制系统结构如图 1－6 所示,这种控制结构的特点是:控制的是被控量,测量的是破坏系统正常工作的扰动量。系统利用扰动产生的控制作用,来补偿扰动对被控量的影响,而扰动量经测量、计算、执行到被控对象,信号也是单向传递的,故称这类结构系统为按扰动补偿的开环控制。该类系统对可测扰动进行补偿,而对不可测扰动及系统内部参数的变化对被控量造成的影响无法控制,故控制精度仍然受到原理的限制。

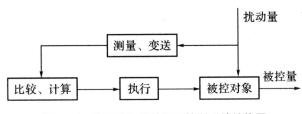

图 1－6　按扰动补偿的开环控制系统结构图

例如:水箱水位高度控制系统,如图 1－7 所示。控制的任务是保持水箱水位高度 H 不变。

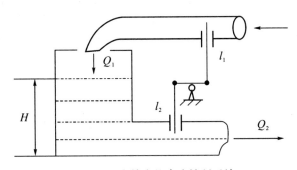

图 1－7　水箱水位高度控制系统

被控对象:水箱。

被控量:水位高度 H。

工作原理:当用水量 Q_2 增大或减小;出水阀门 l_2 开度开大或开小,都会影响水箱水位高度 H 的变化,故用水量 Q_2 或出水阀门 l_2 对于水箱系统来讲,是扰动量。当用水量 Q_2 增大,出水阀门 l_2 开大,此时扰动量通过杠杆测量后,去控制进水阀门 l_1 开大,使得用水量 Q_2 和进水量 Q_1 平衡,从而使水箱水位高度保持不变。

水箱水位高度控制系统的结构图如图 1－8 所示。

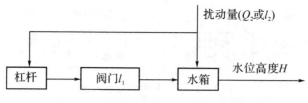

图 1-8 水箱水位高度控制系统结构图

当系统中其他扰动影响水位高度 H 时,如进水管水压的变化,系统对这一扰动是无补偿能力的。

1.3.3 按偏差调节的闭环控制

为满足那些控制精度要求高的应用需求,将在开环控制的基础上引入闭环控制,其结构图如图 1-9 所示。这种控制结构的特点是:需要控制的是被控量,而测量的是被控量与输入量之间的偏差。系统根据偏差进行控制,只要被控量偏离输入量,系统就自动纠正偏差,故称这种控制方式为按偏差调节。

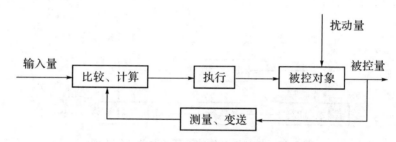

图 1-9 按偏差调节的闭环控制系统结构图

这种系统把被控量的一部分检测出来,反馈到输入端,与输入量进行比较,产生偏差,此偏差经过控制器产生控制作用,使输出量按照要求的规律变化,控制信号沿着前向通道与反馈通道往复循环地闭路传送,形成闭合回路,所以称为闭环控制系统或反馈控制系统。反馈信号与输入量信号极性相反为负反馈,反之为正反馈。闭环控制的典型特点是:①输入量与输出量一一对应;②输出量参与控制;③具有抗干扰能力。

按偏差调节的闭环控制系统控制精度较高,无论是扰动的作用,还是系统结构参数的变化,只要被控量偏离输入量,系统就会自行纠正偏差。但若闭环控制系统的参数匹配得不好,则会造成被控量有较大的摆动,甚至系统无法正常工作。

按偏差调节的闭环控制是自动控制系统中最基本的控制方式,目前在工程中获得了广泛的应用。

例 1-1 人工闭环控制。

人工控制的电加热炉示意图如图 1-10 所示。其中的控制过程主要有三个步骤:①测量炉温,人眼观察温度计示数,将温度读数送至人脑;②大脑将读数与给定温度(比如 600 ℃)比较,根据比较结果指挥手臂的动作;③调整加热电阻丝两端的电压(增大或减小),使炉温尽可能接近给定值。图 1-10 所示的人工控制电加热炉在人工干预下,可以实现自动控制的任务 $x_r(t) \approx x_c(t)$,而自动控制的作用是要在没有人直接干预下,实现同样的控制目的,为此建

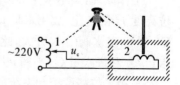

图 1-10 人工控制电加热炉

立以下所述的自动闭环控制。

例1-2 自动闭环控制。

在图1-10所示的人工控制电加热炉的基础上,建立如图1-11所示的自动控制系统。

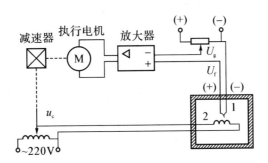

图1-11 闭环控制系统图
1—热电偶;2—加热器

被控对象:电加热炉。

被控量:炉温 T。

扰动量:加热物料多少、电网电压波动等。

工作原理:在图1-11所示的系统中,加热炉的温度由电位器滑动端位置所对应的电压值 U_g 给出,电加热炉的实际温度由热电偶检测出来,并将其转换成对应的电压 U_f,再将 U_f 反馈到输入端,和给定值 U_g 进行比较,通过两者极性反接实现。当受到电源电压波动或加热物料多少等扰动时,加热炉温度偏离给定值,其偏差电压经过放大器进行放大,来控制执行电机 M,再经过减速器,带动自耦变压器的滑动端,来改变电压 u_c,使炉温 T 恒保持给定温度值。图1-11的闭环控制系统的结构可以用图1-12所示的闭环控制结构图来描述。

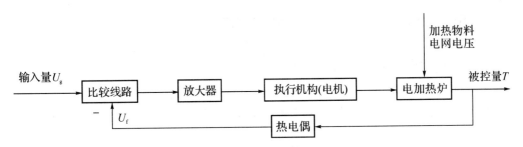

图1-12 电加热炉温度控制系统原理图

由上图1-11和图1-12可以看出,系统通过热电偶测量出被控量,并将测量信号反馈到输入端,形成闭合回路,反馈信号通过比较线路与输入量进行减法运算,获得偏差信号,控制系统根据偏差信号的大小和方向进行调节,故电加热炉温度控制系统是一个按偏差调节的闭环控制系统。

1.3.4 复合控制

将开环控制和闭环控制相结合,即构成复合控制。复合控制实质上是在闭环控制回路中增加了一个输入信号或扰动信号的顺馈通道,用来提高系统的控制精度。通常按照顺馈通道补偿的信号类型分类,将复合控制分为按输入信号补偿的复合控制和按扰动信号补偿的复合控制两大类。

按输入信号补偿的复合控制结构,如图 1-13 所示。补偿装置提供一个输入信号的微分作用,并作为顺馈控制信号与原输入信号一起对被控对象进行控制,用以提高系统的控制精度。

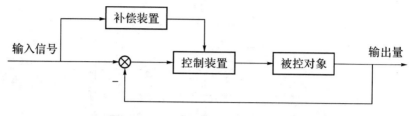

图 1-13 按输入信号补偿的复合控制

按扰动信号补偿的复合控制结构,如图 1-14 所示。补偿装置能够在可测量的扰动对系统产生不利影响之前,提供一个控制作用来抑制扰动对系统输出的影响。

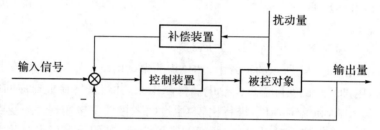

图 1-14 按扰动信号补偿的复合控制

复合控制中的顺馈通路等效于开环控制,故对补偿装置的参数稳定性要求较高,以免补偿装置参数漂移而减弱补偿效果。

1.4 闭环控制系统的组成和基本环节

1.4.1 闭环控制系统结构框图

不同的闭环控制系统,其控制的对象和使用的元件不同,不同控制的控制系统控制形式不同,但总的概括起来,一般闭环控制系统结构图如图 1-15 所示。

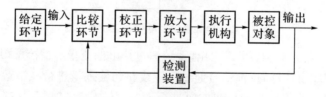

图 1-15 闭环控制系统结构图

1.4.2 闭环控制系统的基本环节

图 1-15 所示的闭环控制系统结构图中,主要具有以下基本环节:

(1) 控制对象或调节对象

要进行控制的设备或过程,如前面所举例中的水箱、电加热炉等。

（2）执行机构

一般由传动装置和调节机构组成。执行机构直接作用于控制对象，使被控制量达到所要求的数值。

（3）检测装置或传感器

该装置用来检测被控制量，如前所举的热电偶，并将其转换为与给定量相同的物理量。检测装置的精度和特性直接影响控制系统的控制品质，它是构成自动控制系统的关键性部件，通常要求检测装置应具有测量精度高、反应灵敏、性能稳定等优点。

（4）给定环节

设定被控量的给定值的装置，如前所举的电加热炉控制系统中的电位器。给定环节的精度对被控量的控制精度有较大的影响，在控制精度要求较高时，常采用数字给定装置。

（5）比较环节

将所检测的被控量与给定量进行比较，确定两者之间的偏差量。此偏差量因功率较小或因物理性质不同，一般不能直接作用于执行机构，在执行机构和比较环节之间还需要有中间环节。

（6）中间环节

一般包括放大环节和校正环节。中间环节可以是一个放大环节，将偏差信号变换成适于控制执行机构工作的信号，一个简单的放大环节，如放大器；或者是将偏差信号变换为适于执行机构工作的物理量，如功率放大器。此外，中间环节还能够按照某种规律对偏差信号进行运算，用运算的结果控制执行机构，改善被控量的稳态和动态性能，即校正环节。

在一个一般的控制系统中，通常把比较环节、放大环节、校正环节统称为控制器。

图1-15所示的闭环控制系统结构中，比较清晰地表明了系统各个环节之间的关系和信号的传递方向。需要注意的是，各个环节的信号传递是有方向性的，在前向通道里，总是前一环节的输出影响后一环节的输入，而后面环节的输出不会影响前面环节。若在一实际的物理系统中，存在系统后面环节对前面环节的影响，这一影响可以用反馈的形式表示，这种反馈可以称为局部反馈，而系统输出量的反馈称为主反馈。

1.4.3　控制系统中的专用术语

在自动控制系统中除了常用到图1-15所示的基本环节外，还常用到以下专用术语：

（1）被控量和控制量

被控量也称输出量，是被测量或被控制的量或状态，如电加热炉的温度、水箱的水位高度等。闭环控制系统的任务就是控制系统输出量的变化规律，满足生产工艺的要求。

控制量是一种由控制器改变的量或状态，它将影响被控量的值，如前所举例中加热电阻丝两端的电压。

被控量通常是系统的输出量，而控制量是系统的输入量。

（2）对象

一般是一个设备，通常由一些机器零件有机地组合在一起。通常被控物体称为对象，如电加热炉。

（3）系统

一些部件的组合，这些部件组合在一起，完成一定的任务。系统的概念有时是很抽象的，并不局限于物理系统，它可以指一个特定的动态现象，如某国家人口的变化、汇率的变化等都可以看成动态系统。

（4）扰动

一种对系统的输出量产生不利影响的因素或信号。若扰动来自于系统内部，称为内部扰动；若扰动来自于系统外部，称为外部扰动。如前所举例中，电加热炉中被加热物料增加或减少等显然会影响加热炉炉温的高低，这对系统来讲是一种外部扰动。

1.5　自动控制系统的分类

自动控制系统广泛应用于国民经济的各个行业、各个部门。随着生产规模的不断扩大和生产能力的不断提高，以及自动化技术和控制理论的不断发展，自动控制系统也日益复杂和日趋增多。自动控制系统的分类方法也有很多，利用不同的控制方法构成种类繁多的自动控制系统，本节不再一一赘述，只是根据自动控制的基本特性进行粗略划分。

1.5.1　线性系统和非线性系统

按照系统主要元件的输入输出特性划分，可以将自动控制系统分为线性系统和非线性系统。

线性系统是由线性元件组成的系统，其微分方程中输出量及其各阶导数都是一次的，并且各系数与输入量（自变量）无关。线性系统的最主要特点是要满足叠加性和齐次性原理，叠加性和齐次性是鉴别控制系统是否为线性系统的主要依据。若系统不满足叠加性和齐次性特征，则为非线性系统。

所谓叠加性，是指当几个输入信号共同作用于系统时，系统的总输出响应等于每个输入信号单独作用所产生的响应之和。所谓齐次性，是指当输入信号乘以某一倍数作用于系统时，系统输出响应也是在原基础上放大同一倍数。

将齐次性和叠加性用数学表达式来说明，即：若系统的输入量为 $x_1(t)$ 和 $x_2(t)$ 时，对应的系统输出量分别为 $y_1(t)$ 和 $y_2(t)$，则当系统的输入量为 $x(t)=k_1x_1(t)+k_2x_2(t)$ 时，对应的系统输出量则为 $y(t)=k_1y_1(t)+k_2y_2(t)$。

从数学模型来看，凡是可以用线性方程（线性微分方程、线性差分方程或线性代数方程等）描述的系统，称为线性系统；而用非线性微分方程描述的系统称为非线性系统。非线性系统存在有非线性元件，其微分方程式的系数与自变量有关。在自动控制系统中，即使仅含有一个非线性环节，也是非线性系统。典型的非线性环节有继电器特性环节、饱和特性环节以及不灵敏区环节等，如图 1-16(a)、(b)、(c)所示。

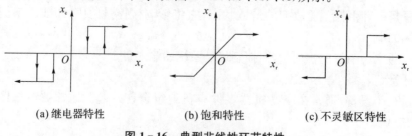

(a)继电器特性　　　　　(b)饱和特性　　　　　(c)不灵敏区特性

图 1-16　典型非线性环节特性

对于非线性系统的理论研究远不如线性系统那样完整,一般只能满足于近似的定性描述和数值计算。应当指出的是,绝对的线性系统在自然界和工程实际中是不存在的,实际系统精确地说都是非线性的。但在误差允许范围内,可近似看作线性系统来处理。即便是一般的非线性系统,也常常可以在其工作点附近进行近似线性化,在一定范围内将其作为线性系统来分析处理。本书将重点阐述线性控制系统建模、分析和设计方法。

1.5.2　定常系统和时变系统

按照系统是否含有参数随时间变化的元件,可以将自动控制系统分为定常系统和时变系统。

定常系统又称为时不变系统,系统的自身性质不随时间改变而改变。系统响应的特征只取决于输入信号的特征和系统本身的特征,而与输入信号作用的时刻无关。例如,输入信号 $x_r(t)$ 作用产生输出量 $x_c(t)$,则当输入延迟 τ 时刻后作用于系统,即 $x_r(t-\tau)$ 作用产生输出量为 $x_c(t-\tau)$。

时变系统中含有时变元件,数学模型中某些参数随时间变化而变化。例如,航天卫星是一个时变系统,在飞行的各阶段,因燃料的不断减少其质量随时间而变化。

时变系统的分析要比定常系统的分析复杂得多、困难得多。本书主要阐述定常系统的控制理论。一方面是因为定常系统的控制理论远比时变系统的控制理论成熟;另一方面,虽说实际系统严格上都具有时变特性,但对于大部分工业系统来说,控制参数随时间变化并不明显,一般都可以作为定常系统来处理。

1.5.3　连续系统与离散系统

按照信号传递的方式划分,可以将自动控制系统分为连续系统与离散系统。

连续系统中系统各部分的信号都是时间变量的连续函数,通常可以用微分方程建立其数学模型。离散系统中有一处或多处信号是以脉冲序列或数码的形式传递,这些信号在时间上是离散的,常可以用差分方程建立其数学模型。例如,一个计算机控制的数字采样系统如图 1-17 所示,加热炉炉温本是时间的连续变量,但经过 A/D 转换后,变成二进制数码送入计算机,由于 A/D 转换含有一个采样开关,故计算机得到的炉温信号是一个在时间上离散的变量。

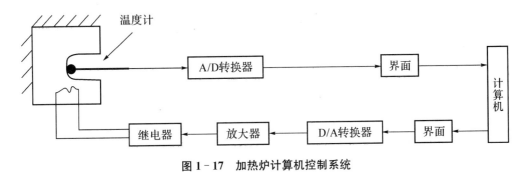

图 1-17　加热炉计算机控制系统

1.5.4　恒值系统、随动系统和程序控制系统

按照输入量的变化规律划分,可以将自动控制系统分为恒值系统、随动系统和程序控制系统。

恒值系统的输入量是恒定不变的,通常这类系统的输出量也是恒定不变的,例如,恒温、恒压、恒速等控制系统。随动系统的输入量按照事先未知的时间函数变化,通常要求输出量跟随输入量变化,也称这类系统为同步随动系统。程序控制系统的输入量按照一定的时间函数变化,要求这类系统的输出量要与输入量的变化规律相同,例如,数控机床的程序控制系统。

除了上述分类之外,自动控制系统还可以按照瞬态特性是否与系统的空间分布特性有关,分为集中参数系统和分布参数系统等,在此不一一赘述。

1.6 自动控制系统的性能要求

自动控制的任务是要求系统的输出量 $x_c(t)$ 跟随输入量 $x_r(t)$ 的变化而变化,期望输出量 $x_c(t)$ 在任何时刻都等于输入量 $x_r(t)$,两者之间没有偏差。然而实际系统中常含有惯性或储能元件,使得系统受到外作用后,其输出量不可能立即变化,而有一个动态跟踪过程。通常把系统受到外作用后,输出量随时间变化的全过程,称为动态过程或过渡过程。

控制系统的性能,通常用过渡过程的特性来衡量,考虑到过渡过程在不同阶段的特征,工程上常从稳、快和准三个方面来评价控制系统。

1.6.1 稳

稳是指控制系统的稳定性与平稳性。

稳定性是保证控制系统正常工作的先决条件,稳定的系统才能完成自动控制的任务。系统在受到外力作用下,输出逐渐与期望值一致,则系统是稳定的,如图 1-18 曲线①所示;反之,输出如曲线②所示,则系统是不稳定的。

平稳性是指动态过程振荡的振幅与频率,即输出量围绕输入量摆动的幅度和摆动的次数。一个好的动态过程摆动的幅度要小,摆动的次数要少。

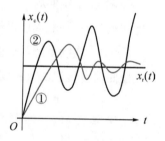

图 1-18 控制系统动态过程曲线(稳)

1.6.2 快

快是指控制系统的快速性,即动态过程进行的时间长短。过程时间越短,说明系统快速性越好,反之说明系统响应迟钝,如图 1-19 曲线①所示。稳和快反映了系统动态过程性能的好坏。既快又稳,表明系统的动态精度高,如图 1-19 曲线②所示。

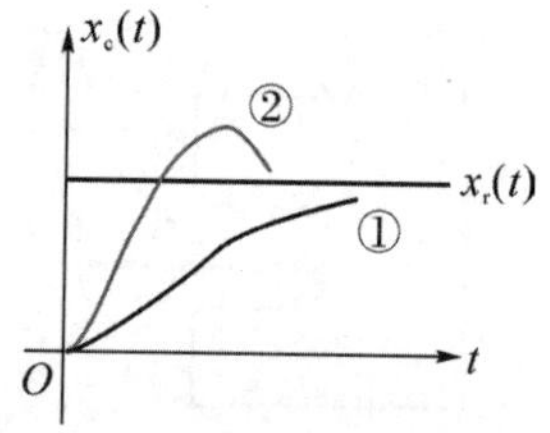

1.6.3 准

准是指系统在动态过程结束后,其输出量(或反馈量)与输入量的偏差,这一偏差称为稳态误差,是衡量稳态精度的指标,反映了系统后期稳态的性能。

图 1-19 控制系统动态过程曲线(快)

综上所述,系统的稳定性是先决条件,要求系统在稳定的前提下,具有平稳性、快速性和准确性。稳、快、准三方面的性能指标往往由于被控对象的具体情况不同,各系统要求也有所侧重,而且同一个系统的稳、快、准的要求是相互制约的。如果提高了快速性,可能会引起系统强烈的振荡;改善了平稳性,过渡过程时间可能会变长、系统迟缓,甚至控制精度也会随之下降。如何分析和解决这些矛盾,设计出符合要求的控制系统,将是自动控制理论面临的重要任务。

习　题

1.1　什么是自动控制系统?自动控制的任务是什么?自动控制系统有哪些基本组成环节?各环节的作用是什么?

1.2　简述开环控制和闭环控制的概念,并说明各自的优缺点。

1.3　日常生活中有许多开环控制系统和闭环控制系统,试举例说明它们的工作原理。

1.4　阐述自动控制系统的分类。

1.5　阐述对自动控制系统的性能要求。

第二章　自动控制系统的数学模型

　　对于实际生活中的很多物理系统,要分析和衡量系统的暂态和稳态性能,必须首先抽象出其数学模型,掌握其内在变化规律。数学模型是一种描述系统的输入、输出变量以及系统内部各个变量之间关系的数学表达式。在实际物理系统中,无论是电路系统、机械系统、液压系统、热工系统,还是经济学、生物学系统等,它们都有着不同的物理特性,但它们都具有最基本的相似性,都可以用微分方程来描述。不同的物理系统可以具有同一形式的数学模型,建立系统的数学模型是进行系统分析的首要任务。

　　目前,常用的建立数学模型的方法主要有两种。一种是解析法,根据系统遵循的物理、化学、能量守恒等定律,建立系统的数学模型。例如,电学中的基尔霍夫定律、力学中的牛顿定律、热力学中的热力学定律等。另一种是实验法,给系统或元器件施加一定形式的信号(阶跃、脉冲、速度、加速度等),根据系统或元器件的输出响应,经过数据处理而辨识出系统的数学模型。近年来,系统辨识已经成为一门独立的学科分支。建立系统数学模型的两种方法中,解析法适用于简单、典型、通用常见的系统;实验法适用于复杂、非常见的系统。实际上将解析法和实验法两者结合起来建立系统的数学模型更为有效。

　　实际物理系统多为不同程度的非线性、时变甚至还带有分布参数因素,用精确的数学模型描述各变量之间的关系是很困难的。在实际工程中,一般忽略一些次要因素,又不影响分析系统的准确性。若忽略非线性因素,且参数是集中、定常时,则系统可以用线性、定常微分方程来描述。

　　在自动控制理论中,由于解决的问题、分析的方法不同,数学模型有多种形式。例如:时域的微分方程、差分方程、状态方程;复数域的传递函数、结构图;频域的频率特性等。本章着重研究线性、定常、集总参数控制系统微分方程(运动方程)、传递函数、动态结构图以及信号流图等几种数学模型,其他几种数学模型将在后续的章节中讲述。

2.1　控制系统微分方程的建立

　　建立系统的微分方程,首先要了解系统的各部分组成、工作原理,而后根据系统遵循的物理或化学定律,列写系统输入和输出量之间的动态关系式,即微分方程。

　　建立系统微分方程的一般步骤如下:

　　(1) 分析系统或各元件的工作原理,找出各物理量之间的关系,明确输入、输出量;

　　(2) 按照各物理量遵循的定律,建立输入、输出量的动态联系,一般为一个方程组;

（3）消去中间变量或对原始方程进行数学处理，忽略次要因素，如进行线性化处理，简化原始方程；

（4）标准化微分方程，将输出量写在方程的左边，输入量写在方程的右边，并按降幂排列。

现实生活中的物理系统有很多种类，有电路、机械、液压、热工等系统，在此主要讲述机械和电路系统的微分方程的建立。

2.1.1　机械系统

在机械系统中，常用的三种理想化的要素是质量、弹簧和阻尼器，这里主要讲述机械系统直线上的运动，其运行机理常有牛顿运动定律。将机械系统中的基本要素的示意图和运动方程总结在表 2-1 中。表中的 F 表示力，但不是外力，分别代表质量块受到的合外力、弹簧产生的弹力以及阻尼器产生的阻尼力，F 的单位是牛（N）；m 表示质量，单位是千克（kg）；x_i 表示位移，单位是米（m）；v_i 表示速度，单位是米/秒（m/s）；k 表示弹簧的弹性系数，单位是牛/米（N/m）；f 表示阻尼器的阻尼系数，单位是牛·秒/米 [N·s/m]。

表 2-1　机械系统中的基本要素

基本要素		示意图	运动方程
直线运动	质量要素		$F = ma = m\dfrac{\mathrm{d}v(t)}{\mathrm{d}t} = m\dfrac{\mathrm{d}^2 x(t)}{\mathrm{d}t^2}$
	弹性要素		$F = k(x_1(t) - x_2(t)) = k\displaystyle\int_0^t (v_1(t) - v_2(t))\mathrm{d}t$
	阻尼要素		$F = f(v_1(t) - v_2(t)) = f\left(\dfrac{\mathrm{d}x_1(t)}{\mathrm{d}t} - \dfrac{\mathrm{d}x_2(t)}{\mathrm{d}t}\right)$

例 2-1　带阻尼器的质量弹簧系统（$m-k-f$）如图 2-1 所示，它由弹簧、质量块、阻尼器组成，试列写位移 $x(t)$ 与外力 $F(t)$ 之间的动态方程。

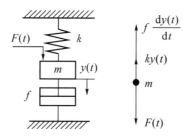

图 2-1　带阻尼器的质量弹簧机械系统

解:分析质量块 m 受力,有:

外力 $F(t)$;

弹簧弹力 $ky(t)$;

阻尼器的阻尼力 $f\dfrac{\mathrm{d}y(t)}{\mathrm{d}t}$。

根据牛顿定律 $F=ma$ 得:

$$F(t)-ky(t)-f\frac{\mathrm{d}y(t)}{\mathrm{d}t}=m\frac{\mathrm{d}^2y(t)}{\mathrm{d}t^2} \tag{2-1}$$

即:

$$m\frac{\mathrm{d}^2y(t)}{\mathrm{d}t^2}+f\frac{\mathrm{d}y(t)}{\mathrm{d}t}+ky(t)=F(t) \tag{2-2}$$

显然,式(2-2)是一个二阶线性微分方程,也就是图2-1所示机械系统的数学模型。注意,方程中并未出现质量块的重力,这是因为重力只是引起了弹簧的初始形变,由于将系统中位移坐标原点选择在系统静止时的位置(即初始形变之后),故重力的作用对微分方程没有影响。

例2-2 汽车缓振系统如图2-2所示。m_1 为车厢及架重,m_2 为车轮及轮轴重,缓振弹簧和充气轮胎的刚度,即弹性系数分别为 k_1 和 k_2,缓振器黏性阻尼系数为 f,车厢垂直位移为 x_3,路面函数为 x_1,试列写 x_3 和 x_1 之间的动态方程。

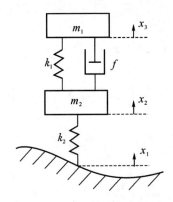

图2-2 汽车缓振系统模型

解:为便于分析,引入中间变量 x_2,设 x_2 表示车轮及轮轴重 m_2 的垂直位移,并设位移 x_1、x_2 和 x_3 的坐标原点位于系统处于静止时的位置。

分析 m_1 受力,有:

弹簧弹力:$k_1(x_2-x_3)$;

阻尼器阻尼力:$f\left(\dfrac{\mathrm{d}x_2}{\mathrm{d}t}-\dfrac{\mathrm{d}x_3}{\mathrm{d}t}\right)$;

根据牛顿定律 $F=ma$ 得 m_1 的受力方程为:

$$f\left(\frac{\mathrm{d}x_2}{\mathrm{d}t}-\frac{\mathrm{d}x_3}{\mathrm{d}t}\right)+k_1(x_2-x_3)=m_1\frac{\mathrm{d}^2x_3}{\mathrm{d}t^2} \tag{2-3}$$

分析 m_2 受力,有:

弹簧弹力:$k_1(x_2-x_3)$ 和 $k_2(x_1-x_2)$;

阻尼器阻尼力：$f\left(\dfrac{\mathrm{d}x_2}{\mathrm{d}t}-\dfrac{\mathrm{d}x_3}{\mathrm{d}t}\right)$；

同样，根据牛顿定律 $F=ma$ 得 m_2 的受力方程为：

$$k_2(x_1-x_2)-f\left(\frac{\mathrm{d}x_2}{\mathrm{d}t}-\frac{\mathrm{d}x_3}{\mathrm{d}t}\right)-k_1(x_2-x_3)=m_2\frac{\mathrm{d}^2x_2}{\mathrm{d}t^2} \tag{2-4}$$

将式(2-3)和式(2-4)联立，消去中间变量 x_2，得：

$$m_1m_2\frac{\mathrm{d}^4x_3}{\mathrm{d}t^4}+(m_1+m_2)f\frac{\mathrm{d}^3x_3}{\mathrm{d}t^3}+(m_1k_1+m_1k_2+m_2k_1)\frac{\mathrm{d}^2x_3}{\mathrm{d}t^2}+$$
$$k_2f\frac{\mathrm{d}x_3}{\mathrm{d}t}+k_1k_2x_3=k_2f\frac{\mathrm{d}x_1}{\mathrm{d}t}+k_1k_2x_1 \tag{2-5}$$

式(2-5)为 x_3 和 x_1 之间的动态方程。

2.1.2 电路系统

电路系统的最基本元部件是电阻、电感和电容。而建立电路系统数学模型的基本定律是基尔霍夫电流定律(KCL)和基尔霍夫电压定律(KVL)。基尔霍夫电流定律表明：在任一瞬间，流入某一节点的电流之和等于流出该节点的电流之和。基尔霍夫电压定律表明：在任一瞬间，沿任一环路循行方向(顺时针或逆时针方向)，回路中各段电压的代数和恒等于零。

例2-3 列写如图2-3所示 RC 无源网络的微分方程。

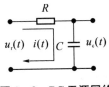

图2-3 RC 无源网络

解：为便于分析，引入中间变量 $i(t)$，$i(t)$为流经电阻 R 和电容 C 的电流，方向如图2-3所示。由基尔霍夫电压定律，可得：

$$\begin{cases} u_\mathrm{r}(t)=Ri(t)+u_\mathrm{c}(t) \\ i(t)=C\dfrac{\mathrm{d}u_\mathrm{c}(t)}{\mathrm{d}t} \end{cases} \tag{2-6}$$

消去中间变量 $i(t)$，可得：

$$RC\frac{\mathrm{d}u_\mathrm{c}(t)}{\mathrm{d}t}+u_\mathrm{c}(t)=u_\mathrm{r}(t) \tag{2-7}$$

令 $T=RC$(时间常数)，则微分方程为：

$$T\frac{\mathrm{d}u_\mathrm{c}(t)}{\mathrm{d}t}+u_\mathrm{c}(t)=u_\mathrm{r}(t) \tag{2-8}$$

显然，式(2-8)为一个一阶线性微分方程，也即为图2-3所示 RC 无源网络的数学模型。在后续章节中，将会继续研究以该 RC 无源网络为典型模型的惯性环节、一阶系统阶跃响应以及频率特性概念等问题。

例2-4 RLC无源网络如图2-4所示,试建立输入电压 $u_r(t)$ 和输出电压 $u_c(t)$ 之间的微分方程。

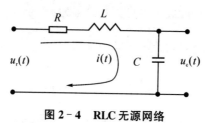

图2-4 RLC无源网络

解:设 $i(t)$ 为流经电阻 R、电感 L 和电容 C 的电流,方向如图2-4所示。根据基尔霍夫电压定律,有

$$u_r(t) = Ri(t) + L\frac{di(t)}{dt} + u_c(t) \qquad (2-9)$$

又

$$i(t) = C\frac{du_c(t)}{dt} \qquad (2-10)$$

联立上式,消除中间变量 $i(t)$,得

$$u_r(t) = RC\frac{du_c(t)}{dt} + LC\frac{d^2 u_c(t)}{dt^2} + u_c(t) \qquad (2-11)$$

即

$$LC\frac{d^2 u_c(t)}{dt^2} + RC\frac{du_c(t)}{dt} + u_c(t) = u_r(t) \qquad (2-12)$$

显然,这也是一个二阶线性微分方程,也就是图2-4所示 RLC 无源网络的数学模型。与前面图2-1所示机械系统的数学模型式(2-2)相对比,可以发现,图2-1和图2-4的两个系统原理不同,物理量和参数也各不相同,但二者微分方程的形式相同,都为二阶线性微分方程。我们把具有相同形式的微分方程的系统称为相似系统;占据相同位置的量称为相似量。利用相似系统的概念,可以将在一个系统上得到的微分方程或实验结果推广到与它相似的系统上去,这给控制理论的应用带来极大的便利。

2.1.3 非线性微分方程小偏差线性化

在前面2.1.1和2.1.2小节所举的例子中,无论是机械系统,还是电路系统,输入和输出之间的关系都是线性的。而很多实际系统中,输入和输出为非线性关系是不可避免的。

对于含有一个自变量的非线性函数 $y = f(x)$,若输入量和输出量之间具有如图2-5所示的非线性特性,可以采用近似线性化的方法来研究。

所谓近似线性化,就是考虑系统正常工作在平衡点 $A(x_0, y_0)$ 处,当系统受到扰动后,输出量 y 只在 A 点附近变化,可将非线性函数 $y = f(x)$ 在 A 点邻域内的输入、输出关系按照泰勒级数展开,即:

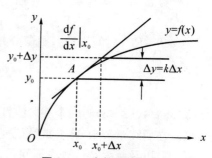

图2-5 小偏差线性化

$$y = f(x) = f(x_0) + \frac{\mathrm{d}f}{\mathrm{d}x}\bigg|_{x_0} \Delta x + \frac{1}{2!}\frac{\mathrm{d}^2 f}{\mathrm{d}x^2}\bigg|_{x_0} \Delta x^2 + \cdots\cdots \tag{2-13}$$

式(2-13)中,$\Delta x = x - x_0$,当 Δx 很小时,忽略式(2-13)中 Δx^2 及高于 Δx^2 的项,得到:

$$y = f(x) = f(x_0) + \frac{\mathrm{d}f}{\mathrm{d}x}\bigg|_{x_0} \Delta x \tag{2-14}$$

记 $\Delta y = f(x) - f(x_0)$,则由式(2-14)得:

$$\Delta y = \frac{\mathrm{d}f}{\mathrm{d}x}\bigg|_{x_0} \Delta x \tag{2-15}$$

式(2-15)中,$\frac{\mathrm{d}f}{\mathrm{d}x}\bigg|_{x_0}$ 为 $\frac{\mathrm{d}f}{\mathrm{d}x}$ 在 A 点处的值,表示曲线 $f(x)$ 在 A 点处的斜率。令 $\frac{\mathrm{d}f}{\mathrm{d}x}\bigg|_{x_0} = k$,则曲线在 x_0 邻域内的输入、输出增量之间的关系为:

$$\Delta y = k\Delta x \tag{2-16}$$

式(2-16)表示了系统输入、输出在工作点附近的增量之间的线性关系,即为 A 点处切线方程,故在 A 点处用切线方程代替了曲线(非线性)方程 $y = f(x)$,这就是小偏差线性化的几何意义。在列写系统微分方程时,只要对所有物理量均取增量形式,便可得到近似的线性微分方程。为了书写方便,直接写为:

$$y = kx \tag{2-17}$$

以上是一个自变量的非线性系统线性化的数学模型。

对于含有两个自变量的非线性函数 $y = f(x_1, x_2)$,系统正常工作在平衡点 (x_{10}, x_{20}) 附近,同样在点 (x_{10}, x_{20}) 附近用泰勒级数展开为:

$$y = f(x_1, x_2) = f(x_{10}, x_{20}) + \left[\left(\frac{\partial f}{\partial x_1}\right)\bigg|_{x_{10},x_{20}}(x_1 - x_{10}) + \left(\frac{\partial f}{\partial x_2}\right)\bigg|_{x_{10},x_{20}}(x_2 - x_{20})\right]$$
$$+ \frac{1}{2!}\left[\left(\frac{\partial^2 f}{\partial x_1^2}\right)\bigg|_{x_{10},x_{20}}(x_1 - x_{10})^2 + 2\left(\frac{\partial^2 f}{\partial x_1 \partial x_2}\right)\bigg|_{x_{10},x_{20}}(x_1 - x_{10})(x_2 - x_{20})\right.$$
$$\left.+ \left(\frac{\partial^2 f}{\partial x_2^2}\right)\bigg|_{x_{10},x_{20}}(x_2 - x_{20})^2\right] + \cdots\cdots \tag{2-18}$$

忽略二阶及以上各导数项,令 $\Delta y = y - f(x_{10}, x_{20})$,$\Delta x_1 = x_1 - x_{10}$,$\Delta x_2 = x_2 - x_{20}$,得增量式线性化方程:

$$\Delta y = \left(\frac{\partial f}{\partial x_1}\right)_{x_{10},x_{20}} \Delta x_1 + \left(\frac{\partial f}{\partial x_2}\right)_{x_{10},x_{20}} \Delta x_2 = k_1 \Delta x_1 + k_2 \Delta x_2 \tag{2-19}$$

式(2-19)中,$k_1 = \frac{\partial f}{\partial x_1}$,$k_2 = \frac{\partial f}{\partial x_2}$。

以上是两个自变量的非线性系统线性化的数学模型。

这种小偏差线性化的方法对于控制系统的大多数工作状态是可行的。实际上,控制系统在正常情况下都工作在一个稳定的工作状态,即平衡状态,此时输出量和输入量之间的偏差为零,控制器不进行控制工作。当输出量偏离输入量,产生偏差时,控制器便产生控制作用,来减小或消除偏差,故控制系统中的输出偏差一般不大,只是"小偏差"。在建立系统数学模型时,通常将系统的稳定工作状态作为初始状态,仅研究小偏差的运动,即只研究相对于平衡状态下,系统输入、输出量的运动特性,这就是增量式线性方程所描述的系统特性。

2.2 传递函数

自动控制系统的微分方程是一种在时域描述系统输入变量和输出变量之间动态关系的数学模型,在给定外输入信号和初始条件下,通过求解微分方程,可以得到系统的输出响应。这种分析系统的方法较直观,尤其是借助于计算机辅助求解,将会准确而快速地得到微分方程的解。但当系统的结构或者某参数发生变化时,再求系统输出响应,就需要重新列写微分方程,再求解,这样就很难得到一个规律性的结论,不便于对系统进行分析和设计。

为此,用拉普拉斯变换的方法对微分方程进行求解的过程中,得到一种复域中的数学模型——传递函数,它不仅可以表征控制系统的输入和输出变量的动态特性,而且可以用来探究系统结构和参数变化对系统输出的影响。在后续章节中的根轨迹以及频率法都是建立在传递函数的基础上的,故传递函数是自动控制理论中最基本也是最重要的概念。

2.2.1 传递函数的概念

在例 2-3 中的无源 RC 网络的微分方程为:

$$RC\frac{du_c(t)}{dt}+u_c(t)=u_r(t) \tag{2-20}$$

令 $T=RC$(时间常数),则微分方程为:

$$T\frac{du_c(t)}{dt}+u_c(t)=u_r(t) \tag{2-21}$$

设 $u_r(t)=u_{r0} \cdot 1(t)$,初始条件 $u_c(0)=u_{c0}$,用拉普拉斯变换求解上述方程 (2-21)得:

$$TsU_c(s)-Tu_c(0)+U_c(s)=U_r(s) \tag{2-22}$$

$$U_c(s)=\frac{1}{Ts+1}U_r(s)+\frac{T}{Ts+1}u_c(0)=\frac{1}{Ts+1}U_r(s)+\frac{T}{Ts+1}u_{c0} \tag{2-23}$$

$$u_c(t)=u_{r0}(1-e^{-\frac{t}{T}})+u_{c0}e^{-\frac{t}{T}} \tag{2-24}$$

式(2-24)右边第一项为零状态响应,第二项为零输入响应。令初始条件为 0,则:

$$U_c(s)=\frac{1}{Ts+1}U_r(s) \tag{2-25}$$

$$u_c(t)=u_{r0}(1-e^{-\frac{t}{T}}) \tag{2-26}$$

由式(2-25)可知,RC 网络的输入 $U_r(s)$ 与输出 $U_c(s)$ 通过 $\dfrac{1}{Ts+1}$ 有一一对应关系,称 $\dfrac{1}{Ts+1}$ 为 RC 网络的传递函数,并可以表示为:

$$W(s)=\frac{U_c(s)}{U_r(s)}=\frac{1}{Ts+1} \qquad (2-27)$$

式(2-27)中, $\dfrac{1}{Ts+1}$ 完全由 RC 网络的结构和参数决定,它是复域中描述 RC 网络输入、输出之间动态关系的数学模型。

2.2.2 传递函数的定义

2.2.1 小节中,通过数学方法拉氏变换求解微分方程时,令初始条件为 0,引出 RC 网络的传递函数的概念,这一思想对于一般的系统或元件也是适合的。假设一个一般的线性定常系统或元件,其微分方程的一般表达式为:

$$a_0\frac{\mathrm{d}^n x_c}{\mathrm{d}t^n}+a_1\frac{\mathrm{d}^{n-1} x_c}{\mathrm{d}t^{n-1}}+\cdots+a_{n-1}\frac{\mathrm{d}x_c}{\mathrm{d}t}+a_n x_c=b_0\frac{\mathrm{d}^m x_r}{\mathrm{d}t^m}+b_1\frac{\mathrm{d}^{m-1} x_r}{\mathrm{d}t^{m-1}}+\cdots+b_{m-1}\frac{\mathrm{d}x_r}{\mathrm{d}t}+b_m x_r$$

$$(2-28)$$

式(2-28)中, x_r 为系统输入量, x_c 为系统输出量, $a_i(i=0,1,2\cdots n)$ 和 $b_j(j=0,1,2\cdots m)$ 为与系统或元件结构、参数有关的常系数。

当初始条件为 0 时,根据拉氏变换的微分定理,对式(2-28)进行拉氏变换得:

$$a_0 s^n X_c(s)+a_1 s^{n-1} X_c(s)+\cdots+a_{n-1} s X_c(s)+a_n X_c(s)$$
$$=b_0 s^m X_r(s)+b_1 s^{m-1} X_r(s)+\cdots+b_{m-1} s X_r(s)+b_m X_r(s) \qquad (2-29)$$

仿照 RC 网络传递函数的概念,则:

$$W(s)=\frac{X_c(s)}{X_r(s)}=\frac{b_0 s^m+b_1 s^{m-1}+\cdots+b_{m-1}s+b_m}{a_0 s^n+a_1 s^{n-1}+\cdots+a_{n-1}s+a_n} \qquad (2-30)$$

根据式(2-30)可以对传递函数作如下定义:

线性定常系统(或元件)的传递函数为在零初始条件下,系统(或元件)的输出量的拉普拉氏变换与输入量的拉普拉斯变换之比。

$$传递函数=\frac{输出量的拉氏变换}{输入量的拉氏变换}\bigg|_{零初始条件}$$

这里,"初始条件为 0"有两方面含义:一是指输入作用是 $t=0$ 后才加于系统的,因此输入量及其各阶导数,在 $t=0^-$ 时的值为零;二是指输入信号作用于系统之前系统是静止的,即 $t=0^-$ 时,系统的输出量及各阶导数为零。现实的工程控制系统多属此类情况,因此,传递函数可表征控制系统的动态性能。

传递函数表示输入、输出之间信号的传递关系,可以用方框图来表示,如图 2-6 所示。方框代表 $W(s)$ 所描述系统或元件,指向方框的带箭头直线为输入信号线, $U_r(s)$ 为输入信号,离开方框的带箭头直线为输出信号线, $U_c(s)$ 为输出信号,则图 2-6 中信号的传递关系也可以表示为:

$$U_c(s) = W(s)U_r(s) \qquad (2-31)$$

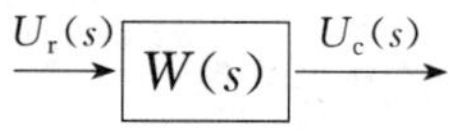

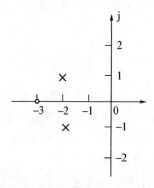

图 2-6 RC 网络信号传递图示

可以看出,求出系统(或元件)的微分方程后,只要把微分方程式中各阶导数用相应阶次的变量 s 代替,就可以求得系统(或元件)的传递函数。

2.2.3 关于传递函数的几点说明

对于传递函数需要作如下几点说明:

(1) 传递函数是对线性定常微分方程通过拉氏变换推导出来的,它和微分方程一样,作为线性定常系统的一种动态数学模型,不同的物理系统可以具有相同的传递函数。

(2) 传递函数是系统本身的一种属性,只是取决于系统内部的结构与参数,与输入信号的大小和性质无关。系统输入量与输出量的因果关系可以用传递函数联系起来。

(3) 传递函数是复变量 s 的有理真分式函数,具有复变函数的所有性质。分母中的最高阶次 n 为系统的阶次,$n \geqslant m$,这是因为任何一个物理系统或元件的能源是有限的,而且都有惯性。且所有系数均为实数,是因为传递函数是线性定常系统的一种动态数学模型。

(4) 一定的传递函数有一定的零、极点分布图与之对应。传递函数的分子和分母多项式经过因式分解后,可得到下面形式:

$$W(s) = \frac{X_c(s)}{X_r(s)} = \frac{b_0(s-z_1)(s-z_2)\cdots(s-z_m)}{a_0(s-p_1)(s-p_2)\cdots(s-p_n)} = K^* \frac{\prod\limits_{i=1}^{m}(s-z_i)}{\prod\limits_{j=1}^{n}(s-p_j)} \qquad (2-32)$$

式(2-32)中,$z_i(i=1,2,\cdots,m)$是分子多项式的零点,称为传递函数的零点;$p_j(j=1,2,\cdots,n)$是分母多项式的零点,称为传递函数的极点。传递函数的零、极点可以是实数,也可以是复数。在复数平面上表示传递函数的零点和极点的图形,称为传递函数的零极点分布图。图中一般用"○"表示零点,用"×"表示极点,如图 2-7 所示。

图 2-7 传递函数零、极点分布图

(5) 传递函数是系统单位脉冲响应的拉氏变换,或者说传递函数的拉氏反变换是系统脉冲响应 $g(t)$,因为,当 $x_r(t)=\delta(t)$ 时,$X_r(s)=1$,$X_c(s)=W(s)X_r(s)=W(s)=G(s)$

或者 $g(t)=L^{-1}[G(s)]=L^{-1}[W(s)]$。

（6）传递函数这一动态数学模型具有一定局限性。一是它只能研究单输入、单输出的系统，对于多输入多输出的系统需要用传递函数矩阵表示。二是它只能表示输入和输出量之间的关系，不能反映输入量与各中间变量的关系，这是经典控制理论的不足之处，将在现代控制理论中弥补。三是它只是系统的零状态模型，对于非零初始状态的系统运动特性不能反映，需要回到微分方程，考虑初始条件重新用拉氏变换求出系统响应。综上，虽然传递函数具有一定的局限性，但它有现实意义，而且容易实现，对控制系统的分析起着极其重要的作用。

2.2.4　典型环节的传递函数

在实际工程中，有各种不同性质的物理系统，但可以用相同的数学模型来描述，例如，对于一个一般的系统传递函数可表示为如下形式：

$$W(s)=\frac{X_c(s)}{X_r(s)}=\frac{b_0 s^m+b_1 s^{m-1}+\cdots+b_{m-1}s+b_m}{a_0 s^n+a_1 s^{n-1}+\cdots+a_{n-1}s+a_n}$$

$$=\frac{Ks^\gamma\prod_{i=1}^{h}(\tau_i s+1)\prod_{j=1}^{l}(\tau_j^2 s^2+2\zeta_j\tau_j s+1)}{s^v\prod_{i=1}^{k}(T_i s+1)\prod_{j=1}^{q}(T_j^2 s^2+2\zeta_j T_j s+1)} \tag{2-33}$$

式(2-33)中，$K,\tau_i,\tau_j,T_i,T_j,\zeta_j$ 均为实数，且，

$$\gamma+h+2l=m$$
$$v+k+2q=n$$

由式(2-33)可以看出，传递函数 $W(s)$ 由若干基本因子相乘积，每个基本因子即为典型环节，常见的典型环节如下：

1. 放大环节

放大环节也称比例环节，其输入、输出量成比例，输出量以一定比例复现输入信号。其运动方程和传递函数如下：

$$x_c(t)=Kx_r(t)$$

$$W(s)=\frac{X_c(s)}{X_r(s)}=K$$

放大环节的单位阶跃响应如图 2-8 所示，可以看出，放大环节无失真和时间延迟。

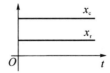

图 2-8　放大环节的单位阶跃响应

图 2-9 是用理想电子放大器搭建的放大环节。其传递函数为：

$$W(s)=K=\frac{U_2(s)}{U_1(s)}=-\frac{R_2}{R_1}$$

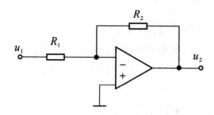

图 2-9 用运算放大器构成的放大环节

其他能构成放大环节的有齿轮传动变速箱、感应式变送器以及液压缸等。

2. 惯性环节

惯性环节中含有储能元件,故对突变的输入信号,输出不能立即复现,输出无振荡。自动控制系统中经常包含有这样的环节,如前面所述的 RC 网络,其运动方程和传递函数为:

$$T\frac{\mathrm{d}x_c(t)}{\mathrm{d}t}+x_c(t)=Kx_r(t) \tag{2-34}$$

式(2-34)中,T 为时间常数,K 为惯性环节的增益。由式(2-34)得出惯性环节的传递函数:

$$W(s)=\frac{X_c(s)}{X_r(s)}=\frac{K}{Ts+1} \tag{2-35}$$

可见,惯性环节有一个极点 $s=\dfrac{1}{T}$。当 $T=0$ 时,惯性环节退化为放大环节。

当给惯性环节外加阶跃信号时,即 $x_r(t)=1(t)$,$X_r(s)=\dfrac{1}{s}$,则惯性环节的输出量的拉氏变换:

$$X_c(s)=W(s)X_r(s)=\frac{K}{Ts+1}\cdot\frac{1}{s}=K\left(\frac{1}{s}-\frac{1}{s+\frac{1}{T}}\right) \tag{2-36}$$

对上式(2-36)进行拉氏反变换得:

$$x_c(t)=K(1-\mathrm{e}^{-\frac{t}{T}}) \tag{2-37}$$

令惯性环节的增益 $K=1$,其单位阶跃响应曲线,如图 2-10 所示。

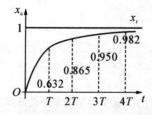

图 2-10 惯性环节的单位阶跃响应

由图 2-10 可知,当输入 x_r 从 0 突变到 1 后,输出 x_c 不能立即响应、复现输入,而是逐渐增大,当 $t\rightarrow\infty$ 时,输出信号 x_c 趋于稳态值 K。

图 2-11 为用运算放大器构成的惯性环节。其传递函数为：

$$W(s)=\frac{U_2(s)}{U_1(s)}=-\frac{R_2\frac{1}{Cs}\Big/\Big(R_2+\frac{1}{Cs}\Big)}{R_1}=\frac{\dfrac{R_2}{R_1}}{R_2Cs+1}=-\frac{K}{Ts+1}$$

其中：$K=\dfrac{R_2}{R_1},T=R_2C。$

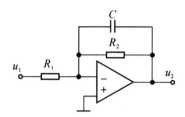

图 2-11　用运算放大器构成的惯性环节

实际系统中可以用惯性环节描述的系统还有很多，如电加热炉炉温随输入电压的变化、忽略电枢电感的直流电机等。

3. 积分环节

积分环节的输出量与输入量的积分成正比例。当输入消失，输出具有记忆功能。积分环节输入输出之间的关系为：

$$x_c(t)=\frac{1}{\tau_i}\int_0^t x_r(t)\mathrm{d}t \qquad\qquad (2-38)$$

其传递函数为：

$$W(s)=\frac{X_c(s)}{X_r(s)}=\frac{1}{T_is}=\frac{K_i}{s}\left(K_i=\frac{1}{T_i}\right) \qquad (2-39)$$

式(2-39)中，T_i 为积分时间常数，$K_i=\dfrac{1}{T_i}$ 为积分环节的增益。由式(2-39)可知，积分环节有一个位于复平面原点的极点。

当外加单位阶跃信号时 $x_r(t)=1(t)$，由式(2-38)可以求得积分环节的单位阶跃响应为：

$$x_c(t)=\frac{t}{T_i}=K_it \qquad (t>0) \qquad\qquad (2-40)$$

积分环节的单位阶跃响应曲线，如图 2-12 所示。可见，积分环节的单位阶跃响应曲线是随时间线性增长的，增长的速度取决于增益 $K_i=\dfrac{1}{T_i}$，K_i 越大，则增长得越快。而当输入信号突然消失后，输出量仍然维持在原值上，说明积分环节具有记忆功能。

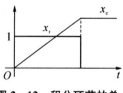

图 2-12　积分环节的单位阶跃响应

图 2-13 为用运算放大器构成的积分环节。其传递函数为：

$$W(s) = \frac{U_2(s)}{U_1(s)} = -\frac{\frac{1}{Cs}}{R} = -\frac{1}{RCs} = -\frac{1}{Ts}$$

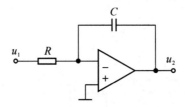

图 2 - 13 用运算放大器构成的积分环节

实际系统中电动机角速度与角度间的传递函数以及模拟计算机中的积分器都属于典型的积分环节。

4. 微分环节

微分环节是自动控制系统中经常应用的环节。理想的微分环节的输出和其输入量的导数成比例,即:

$$x_c(t) = \tau \frac{\mathrm{d}x_r(t)}{\mathrm{d}t} \tag{2 - 41}$$

其传递函数为:

$$W(s) = \frac{X_c(s)}{X_r(s)} = \tau s (\tau \text{ 为微分时间常数}) \tag{2 - 42}$$

当输入量 $x_r(t) = 1(t)$ 时,微分环节的输出 $x_c(t) = \tau \dot{1}(t) = \tau \delta(t)$,它是一个幅值为无穷大,而时间宽度为 0 的理想脉冲信号。由此可见微分环节是非因果的,因此,在实际物理系统中是得不到微分环节的。用来执行微分作用的环节都是近似的。

图 2 - 14 所示为近似的微分环节,其传递函数为:

$$W(s) = \frac{U_2(s)}{U_1(s)} = \frac{RCs}{RCs + 1}$$

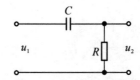

图 2 - 14 RC 构成的微分环节

若 $RC \ll 1$,则 $W(s) \approx RCs$。

5. 延迟环节

延迟环节又称延时环节或时滞环节。延迟环节的输出量经过一段时间的延时后,完全复现输入信号,即:

$$x_c(t) = x_r(t - \tau) \tag{2 - 43}$$

式(2 - 43)中,τ 为延迟时间,延迟环节的传递函数为:

$$W(s)=\frac{X_c(s)}{X_r(s)}=e^{-\tau s} \qquad (2-44)$$

可见延迟环节的传递函数是一个超越函数,可以认为它有无穷多个零点和极点。

例如,某输油管道示意图,如图 2-15 所示。$x_r(t)$ 表示输入流量;$x_c(t)$ 表示输出流量,如果输入流量在某时刻 t_0 时改变 $\Delta x_r(t)$,输出流量 $x_c(t)$ 并不是立即改变,而是经过一段延时 τ 后,才有同样的改变,故可将输油管道输入和输出之间的变化看作是一个延迟环节。延迟环节对系统的稳定性有很大的影响,需要特别注意。

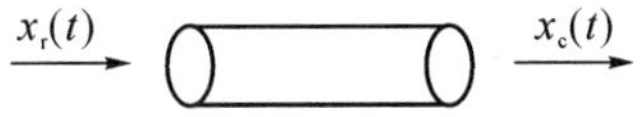

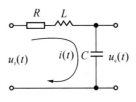

图 2-15 延迟环节示意图

6. 振荡环节

振荡环节中包含有两个储能元件,当输入量发生变化时,两个储能元件的能量相互交换。在阶跃信号作用下,其暂态响应可能做周期性的变化。

图 2-16 RLC 网络

图 2-16 的 RLC 网络,前面 2.1.1 节曾建立其微分方程为:

$$LC\frac{d^2 u_c(t)}{dt^2}+RC\frac{du_c(t)}{dt}+u_c(t)=u_r(t) \qquad (2-45)$$

则传递函数为:

$$W(s)=\frac{U_c(s)}{U_r(s)}=\frac{1}{LCs^2+RCs+1}=\frac{\dfrac{1}{LC}}{s^2+\dfrac{R}{L}s+\dfrac{1}{LC}}=\frac{\omega_n^2}{s^2+2\zeta\omega_n s+\omega_n^2} \qquad (2-46)$$

式(2-46)中,$\omega_n=\dfrac{1}{\sqrt{LC}}$,为振荡环节的自然振荡角频率;$\zeta=\dfrac{1}{2}R\sqrt{\dfrac{C}{L}}$ 为振荡环节的阻尼比。

当输入量为单位阶跃信号时,输出量的拉氏变换为:

$$X_c(s)=\frac{\omega_n^2}{s(s^2+2\zeta\omega_n s+\omega_n^2)}=\frac{1}{s}-\frac{s+2\zeta\omega_n}{s^2+2\zeta\omega_n s+\omega_n^2} \qquad (2-47)$$

查拉氏变换表可得出输出量为:

$$x_c(t)=1-\frac{e^{-\zeta\omega_n t}}{\sqrt{1-\zeta^2}}\sin(\omega_n\sqrt{1-\zeta^2}t+\varphi),t\geqslant 0 \qquad (2-48)$$

式(2-48)中,$\varphi=\arctan\dfrac{\sqrt{1-\zeta^2}}{\zeta}$。

振荡环节的阶跃响应曲线如图 2-17 所示。输出经短时间的周期振荡后,逐渐趋于稳定。振荡的程度与阻尼比 ζ 的大小有关,ζ 越小,振荡越强;当 $\zeta=0$ 时,输出等幅振荡;ζ 越大,振荡越小;当 $\zeta \geqslant 1$ 时,电路的输出为单调上升曲线。阻尼比 ζ 是振荡环节中的重要参量,RLC 网络中,阻尼比 ζ 由电路参数 R、L 和 C 共同决定。

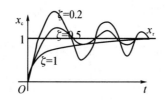

图 2-17　振荡环节的单位阶跃响应

以上只是一些典型的基本环节,而许多复杂的元件或系统可以看做是上述某些环节的组合。需要指出的是,组成系统的元部件与本节引入的典型环节的概念不同。一个系统由若干个元部件组成,每一个元部件的传递函数可以是一个典型环节,也可以包括几个典型环节。相反,一个典型环节也可以由几个元部件或一个系统的传递函数构成。典型环节是研究复杂控制系统的基础。

2.3　系统动态结构图

动态结构图是表示组成控制系统的各个元件之间信号传递动态关系的图形,它表示了系统中各变量之间的因果关系以及对各变量所进行的运算,是控制理论中描述复杂系统的一种简便方法。系统中每个元件用一个或几个方框图表示,而后,根据信号传递先后顺序用信号线按一定方式连接起来,就构成了系统的动态结构图。

2.3.1　动态结构图的组成

动态结构图是由许多对信号进行单向运算的方框和一些信号流向线组成,它主要由四种基本单元构成,如下所述:

1. 信号线

信号线是带有箭头的直线,箭头表示信号传递的方向,信号线上标信号的原函数或象函数,如图 2-18(a)所示。

2. 方框

方框,也称为环节,方框中为元部件或系统的传递函数,它起到对信号的运算、转换作用,如图 2-18(b)所示。方框的输出变量等于方框输入变量与传递函数的乘积,即:

$$X_c(s)=W(s)X_r(s)$$

3. 引出点

引出点,也称为测量点,它表示信号引出或测量位置,从同一点引出的信号在数值和性质方面完全相同,如图 2-18(c)所示。

4. 综合点

综合点,也称为比较点或相加点,表示对两个以上信号进行加减运算。"＋"号表示相加,可以省略不写;"－"号表示相减,如图 2-18(d)所示。

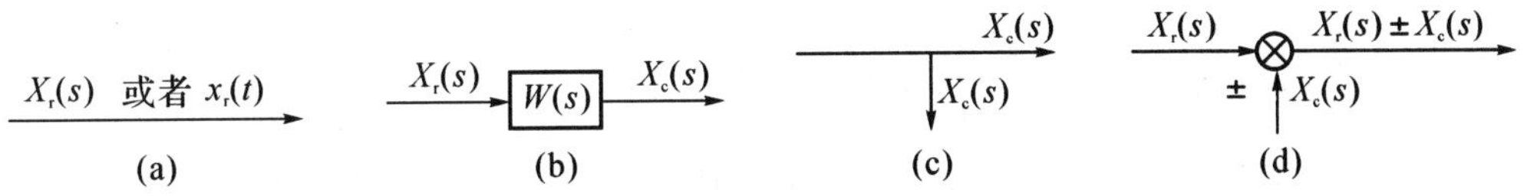

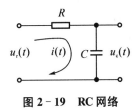

$X_r(s)$ 或者 $x_r(t)$

(a)

$X_r(s)$ → $W(s)$ → $X_c(s)$

(b)

$X_c(s)$

$X_c(s)$

(c)

$X_r(s)$ ⊗ $X_r(s) \pm X_c(s)$

$\pm$ ↑ $X_c(s)$

(d)

图 2 - 18　动态结构图的基本组成单元

2.3.2　系统动态结构图的建立

结构图也是控制系统的一种数学模型,它可以清晰地表明系统中信号的流向,还可以简明表示系统中各部分的连接关系。需要指出的是,虽然系统结构图是从系统元部件的数学模型得到的,但结构图中的方框与实际系统的元件并非一一对应。一个实际元部件可以用一个或几个方框表示;而一个方框也可以表示几个元部件或是一个子系统,或是一个大的复杂系统。

结构图实质上是系统原理图和数学方程两者的结合,既补充了原理图所缺少的定量描述,又避免了纯数学的抽象运算,从结构图可以方便求得系统的传递函数。

系统动态结构图的绘制步骤如下:

(1) 列写各元部件的微分方程,注意相邻元件间的负载效应影响;

(2) 在零初始条件下对微分方程进行拉氏变换,写出各元部件的传递函数;

(3) 绘出各元部件的动态结构图,方框图中标明它的传递函数,并以箭头和字母符号表明其输入量和输出量,按照信号的传递方向把各个动态结构图依次连接起来,便构成了系统的动态结构图。

例 2 - 5　建立如图 2 - 19 所示 RC 网络的动态结构图。

图 2 - 19　RC 网络

解:首先列写各个元部件的微分方程,如下:

$$\begin{cases} u_R(t) = u_r(t) - u_c(t) \\ u_c(t) = \dfrac{1}{C}\displaystyle\int i(t)\,\mathrm{d}t \\ i(t) = \dfrac{u_R(t)}{R} \end{cases} \tag{2-49}$$

在零初始条件下,对式(2 - 49)各微分方程进行拉氏变换,得:

$$\begin{cases} U_R(s) = U_r(s) - U_c(s) \\ I(s) = \dfrac{U_R(s)}{R} \\ U_c(s) = \dfrac{1}{Cs}I(s) \end{cases} \tag{2-50}$$

作出式(2 - 50)各部件的动态结构图,如图 2 - 20 所示。

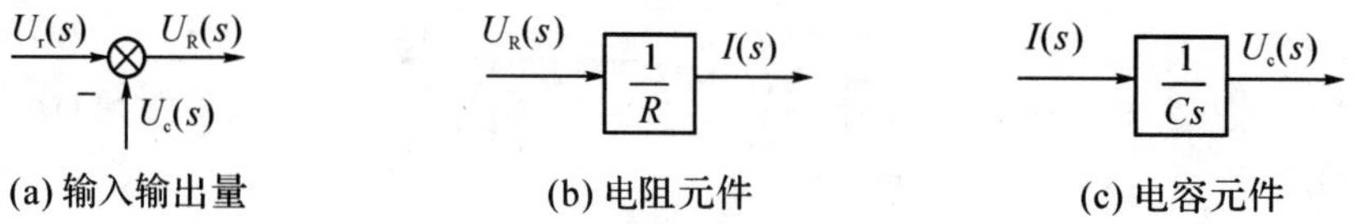

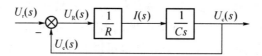

(a) 输入输出量　　　　(b) 电阻元件　　　　(c) 电容元件

图 2‑20　系统元件结构图

按照系统中各信号的传递关系,用信号线将图 2‑20 各元部件的结构图连接起来,得出 RC 网络系统的动态结构图,如图 2‑21 所示。

图 2‑21　RC 网络的动态结构图

2.3.3　传递函数和结构图的等效变换

动态结构图表示了系统中各信号之间的传递与运算的全部关系,当然可以求出输入和输出变量之间的传递关系。但有些系统的动态结构图是较复杂的,需要进行化简后方能求出传递函数。在动态结构图中,主要有串联、并联和反馈三种连接方式,故求动态结构图的简化形式,需要进行三种基本连接形式的等效变换。等效变换的思路是在保证信号传递关系不变的条件下,设法将原结构逐步地进行归并和简化,最终变换为输入量对输出量的一个方框。

1. 动态结构图的等效变换

(1) 方框串联连接及其等效变换

两个方框内传递函数分别为 $W_1(s)$ 和 $W_2(s)$,方框 $W_1(s)$ 的输出 $X_1(s)$ 作为方框 $W_2(s)$ 的输入变量,且两方框中间没有引出点或综合点,如图 2‑22(a)所示,称这样的连接方式为串联连接。图 2‑22(a)可以等效为图 2‑22(b)。因为:

$$X_1(s)=W_1(s)X_r(s)$$

且　　　　$$X_c(s)=W_2(s)X_1(s)=W_2(s)W_1(s)X_r(s)$$

由此得:

$$W(s)=\frac{X_c(s)}{X_r(s)}=W_1(s)W_2(s) \qquad (2\text{‑}51)$$

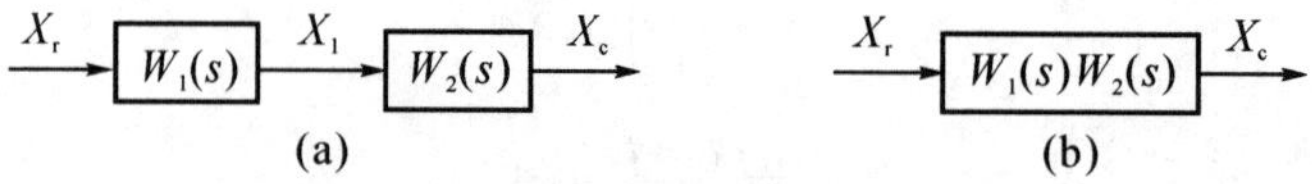

图 2‑22　串联连接等效变换

上式(2‑51)表明,两个方框串联连接可以等效为一个方框,其传递函数为两个方框传递函数的乘积。可以推广到:多个方框串联连接,如图 2‑23(a)所示,可等效为一个方框,其传递函数为各个方框传递函数之积,如图 2‑23(b)所示。

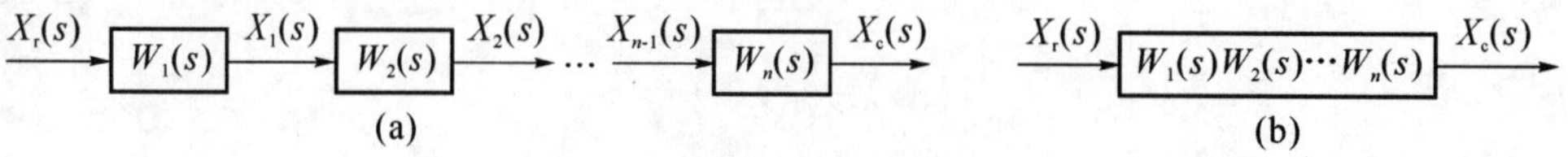

图 2‑23　多个方框串联连接

(2) 方框并联连接及其等效变换

两个方框内传递函数分别为 $W_1(s)$ 和 $W_2(s)$，若它们具有相同的输入量,输出量等于两个方框传递函数的代数和,如图 2-24(a)所示,称这样的连接方式为并联连接。图 2-24(a)可以等效为图 2-24(b)。因为：

$$X_1(s) = W_1(s)X_r(s)$$
$$X_2(s) = W_2(s)X_r(s)$$

且 $\quad X_c(s) = X_1(s) \pm X_2(s) = W_1(s)X_r(s) \pm W_2(s)X_r(s)$

由此得：

$$W(s) = \frac{X_c(s)}{X_r(s)} = W_1(s) \pm W_2(s) \qquad (2-52)$$

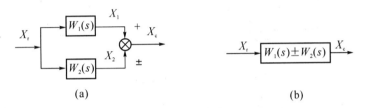

(a)   (b)

图 2-24 并联方框等效连接

由上述推导可以作出如下推广:多个方框并联连接,如图 2-25(a)所示,可等效为一个方框,其传递函数为各个方框传递函数之代数和,如图 2-25(b)所示。

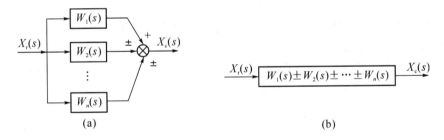

(a)   (b)

图 2-25 多个方框并联连接

(3) 方框反馈连接及其等效变换

传递函数分别为 $W_1(s)$ 和 $W_2(s)$ 的两个方框,按照图 2-26(a)所示的连接形式,称为反馈连接。

对于一个反馈结构,按照信号的传递方向,闭环回路可以分为两个通道:前向通道和反馈通道。前向通道传递正向信号,通道中的传递函数称为前向通道传递函数,如图 2-26(a)中的 $W_1(s)$。反馈通道是将输出信号反馈到输入端,反馈通道中的传递函数称为反馈通道传递函数,如图 2-26(a)中的 $W_2(s)$。

反馈有正反馈和负反馈两种形式,"$-$"表示负反馈,即输入信号 $X_r(s)$ 与反馈信号 $X_f(s)$ 相减;"$+$"表示正反馈,即输入信号 $X_r(s)$ 与反馈信号 $X_f(s)$ 相加。

图 2-26(a)可以等效为图 2-26(b)。因为：

当反馈为负反馈时,

$$X_f(s) = W_2(s)X_c(s)$$

$$E(s) = X_r(s) - X_f(s)$$

$$X_c(s) = W_1(s)E(s) = W_1(s)(X_r(s) - X_f(s)) = W_1(s)(X_r(s) - W_2(s)X_c(s))$$

由此得,闭环传递函数:

$$W_B(s) = \frac{X_c(s)}{X_r(s)} = \frac{W_1(s)}{1 + W_1(s)W_2(s)} \qquad (2-53)$$

同理,当反馈为正反馈时,闭环传递函数:

$$W_B(s) = \frac{X_c(s)}{X_r(s)} = \frac{W_1(s)}{1 - W_1(s)W_2(s)} \qquad (2-54)$$

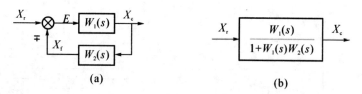

图 2‑26　反馈连接等效变换

在较为复杂的闭环控制系统中,除了主反馈之外,还具有互相交错的局部反馈。为简化系统结构,常需要将信号的引出点或相加点进行位置变换再运算。

(4) 相邻综合点之间的移动

在实际物理系统中,有时需要将几个信号同时送到一个加法器中处理,有时信号太多,加法器输入头不够,需要送到几个加法器中,然后再将这些一次综合后的信号再送到一个加法器中,进行二次综合。这个过程在结构图中就出现几个相邻的综合点,如图 2‑27(a)所示。有时为了简化结构图,需要变换综合点的位置,或者把它们简化为一个综合点,其输出量保持不变。综合点可以前后移动,根据加法交换律和综合律不难得到证明。综合点之间的移动如图 2‑27(b)和(c)所示。

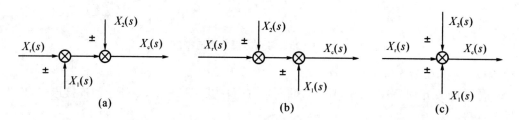

图 2‑27　综合点之间的移动

(5) 相邻引出点之间的移动

在实际物理系统中,有时需要将同一个信号同时送到几个不同支路或元件中,在结构图上会出现几个引出点相邻。这些引出点互换位置并不影响信号的传递关系,相邻引出点可以前后移动,相邻引出点之间的等效移动如图 2‑28(a)和(b)所示。

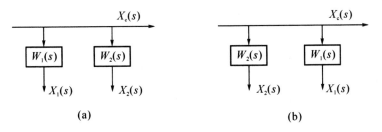

图 2-28　相邻引出点之间的移动

（6）综合点前后移动的等效变换

①综合点向后移动

综合点向后移动的等效变换结构图如图 2-29（a）和（b）所示。

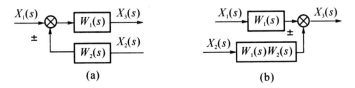

图 2-29　综合点向后移动的等效变换

变换位置前：

$$X_3(s) = W_1(s)\left[X_1(s) \pm W_2(s)X_2(s)\right] \qquad (2-55)$$

变换位置后：

$$X_3(s) = W_1(s)X_1(s) \pm W_1(s)W_2(s)X_2(s) \qquad (2-56)$$

由此可见，在变换位置前后，输出量不变，故这一变换为等效变换。

②综合点向前移动

综合点向前移动的等效变换结构图如图 2-30（a）和（b）所示。

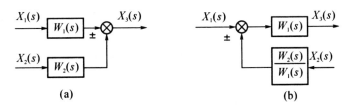

图 2-30　综合点向前移动的等效变换

变换位置前：

$$X_3(s) = W_1(s)X_1(s) \pm W_2(s)X_2(s) \qquad (2-57)$$

变换位置后：

$$X_3(s) = W_1(s)\left[X_1(s) \pm \frac{W_2(s)}{W_1(s)}X_2(s)\right] \qquad (2-58)$$

由此可见，在变换位置前后，输出量不变，故这一变换也为等效变换。

（7）引出点前后移动的等效变换

①引出点向后移动

引出点向后移动的等效变换结构图如图 2-31（a）和（b）所示。

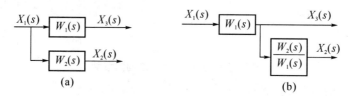

图 2-31　引出点向后移动的等效变换

变换位置前：

$$X_3(s) = W_1(s)X_1(s) \tag{2-59}$$

$$X_2(s) = W_2(s)X_1(s) \tag{2-60}$$

变换位置后：

$$X_3(s) = W_1(s)X_1(s) \tag{2-61}$$

$$X_2(s) = \frac{W_2(s)}{W_1(s)}W_1(s)X_1(s) = W_2(s)X_1(s) \tag{2-62}$$

由此可见，引出点在变换位置前后，保持信号传递关系不变，故这一变换为等效变换。

②引出点向前移动

引出点向前移动的等效变换结构图如图 2-32（a）和（b）所示。

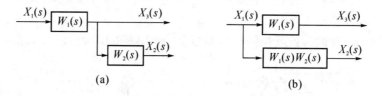

图 2-32　引出点向前移动的等效变换

变换位置前：

$$X_3(s) = W_1(s)X_1(s) \tag{2-63}$$

$$X_2(s) = W_1(s)W_2(s)X_1(s) \tag{2-64}$$

变换位置后：

$$X_3(s) = W_1(s)X_1(s) \tag{2-65}$$

$$X_2(s) = W_1(s)W_2(s)X_1(s) \tag{2-66}$$

由此可见，引出点在变换位置前后，保持信号传递关系不变，故这一变换也为等效变换。

按照上述七种结构图等效变换原则，对于一般的较复杂的动态结构图都可以等效为方框串联、并联和反馈三种基本的连接方式，进一步等效化简，求其传递函数。但是，有时更为复杂的动态结构图,按照上述七种等效原则仍然不能化简,例如在结构图中有综合点和引出点相间存在,就需要遵循变换前后信号传递关系不变的原则,将结构图重新排列,将综合点和引出点相间等效为相邻,从而达到等效化简的目的。

例 2 - 6 已知系统的动态结构图如图 2 - 33 所示,通过化简动态结构图,求其传递函数。

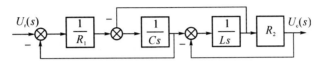

图 2 - 33 系统动态结构图

解:观察图 2 - 33 可知,首先将引出点向后移动,如图 2 - 34(a)所示;再将综合点向前移动,如图 2 - 34(b)所示;分别求出两个反馈连接的等效变换,如图 2 - 34(c)所示;接着求出串联连接的等效变换,如图 2 - 34(d)所示;最后按照反馈连接等效变换,可将系统结构化为一个方框,方框里的即为系统传递函数。

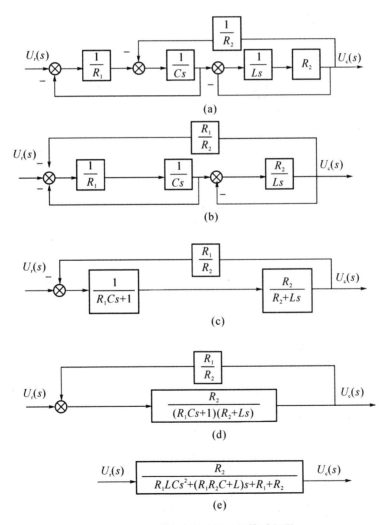

图 2 - 34 系统动态结构图化简过程图

由此可以得到系统的传递函数：

$$W(S)=\frac{U_c(s)}{U_r(s)}=\frac{R_2}{R_1LCs^2+(R_1R_2C+L)s+R_1+R_2}$$

例 2 - 7 已知系统的结构如图 2 - 35 所示，通过化简动态结构图，求其传递函数。

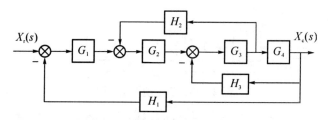

图 2 - 35 系统动态结构图

解：观察图 2 - 35 所示的结构图，可以看到这是一个多回路系统，为了化简结构图，可以将引出点向后移动、综合点向前移动，当然也可以反之。系统具体的动态结构图化简过程如图 2 - 36(a)、(b)、(c)所示。

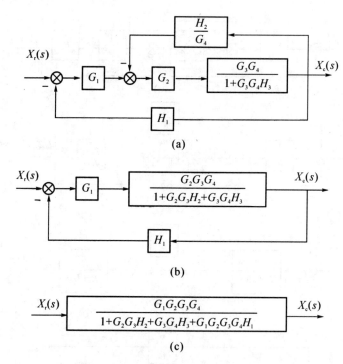

图 2 - 36 系统动态结构图化简过程图

由此可以得到系统的传递函数：

$$W(s)=\frac{X_c(s)}{X_r(s)}=\frac{G_1G_2G_3G_4}{1+G_2G_3H_2+G_3G_4H_3+G_1G_2G_3G_4H_1}$$

通过以上两个例子，可以得出通过动态结构图化简求传递函数的基本步骤：
①观察结构图，适当移动引出点或综合点，将动态结构图化成三种典型连接方式；
②对于多回路结构图，先求内回路的等效变换结构图，再求外回路的等效变换结构

图,将结构图等效为一个方框;

③求系统传递函数。

2. 典型反馈控制系统的几种传递函数

控制系统的传递函数是在零初始条件下,系统的输出量的拉氏变换与输入量的拉氏变换之比。通过前面的研究得知,对微分方程进行零初始条件下的拉氏变换或对动态结构图化简都可以求出传递函数。这里所谓的输入量通常指两种:一种是有用的输入变量(指令信号、给定值、参考信号等);一种是无用的输入信号(干扰信号、扰动信号),它可以作用于系统的任何地方,通常作用于控制对象居多。

典型的反馈控制系统的结构,如图 2 - 37 所示,$x_r(t)$ 为给定信号,其拉氏变换为 $X_r(s)$;$x_d(t)$ 为干扰信号,其拉氏变换为 $X_d(s)$;$x_c(t)$ 为输出信号,其拉氏变换为 $X_c(s)$。下面重点研究典型反馈控制系统的几种传递函数。

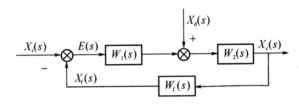

图 2 - 37 典型的反馈控制系统

(1) 给定信号 $x_r(t)$ 作用下的系统闭环传递函数

分析给定信号 $x_r(t)$ 作用,令干扰信号 $x_d(t)=0$,系统结构图如图 2 - 38 所示。根据反馈的原理,从给定信号 $x_r(t)$ 到输出 $x_c(t)$ 的闭环传递函数为:

$$W_{Br}(s)=\frac{X_c(s)}{X_r(s)}=\frac{W_1(s)W_2(s)}{1+W_1(s)W_2(s)W_f(s)} \qquad (2-67)$$

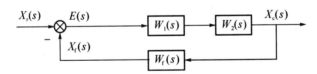

图 2 - 38 给定信号 $x_r(t)$ 作用下的结构图

系统的开环传递函数为:

$$W_K(s)=W_1(s)W_2(s)W_f(s) \qquad (2-68)$$

系统的开环传递函数是当主反馈回路断开时反馈信号 $X_f(s)$ 与输入信号 $X_r(s)$ 之间的传递函数。

给定信号 $x_r(t)$ 作用下,系统的输出:

$$X_{cr}(s)=W_{Br}(s)X_r(s)=\frac{W_1(s)W_2(s)X_r(s)}{1+W_1(s)W_2(s)W_f(s)} \qquad (2-69)$$

由式(2 - 69)可知,在给定信号 $x_r(t)$ 作用下,系统的输出只取决于系统闭环传递函数 $W_{Br}(s)$ 和给定信号 $x_r(t)$ 的形式。

(2) 扰动信号 $x_d(t)$ 作用下的系统闭环传递函数

分析扰动信号 $x_d(t)$ 作用，令给定信号 $x_r(t)=0$，系统结构图如图 2-39 所示。根据反馈的原理，从扰动信号 $x_d(t)$ 到输出 $x_c(t)$ 的闭环传递函数为：

$$W_{Bd}(s)=\frac{X_c(s)}{X_d(s)}=\frac{W_2(s)}{1+W_1(s)W_2(s)W_f(s)} \qquad (2-70)$$

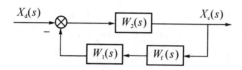

图 2-39 扰动信号 $x_d(t)$ 作用下的系统结构图

扰动信号 $X_d(s)$ 作用下，系统的输出：

$$X_{cd}(s)=W_{Bd}(s)X_d(s)=\frac{W_2(s)X_d(s)}{1+W_1(s)W_2(s)W_f(s)} \qquad (2-71)$$

由式(2-69)和式(2-71)，根据叠加原理，系统在给定信号 $x_r(t)$ 和扰动信号 $x_d(t)$ 共同作用下的总输出：

$$X_c(s)=X_{cr}(s)+X_{cd}(s)=\frac{W_1(s)W_2(s)X_r(s)}{1+W_1(s)W_2(s)W_f(s)}+\frac{W_2(s)X_d(s)}{1+W_1(s)W_2(s)W_f(s)} \qquad (2-72)$$

式(2-72)中，若同时满足条件 $|W_1(s)W_2(s)W_f(s)|\gg1$ 和 $|W_1(s)W_f(s)|\gg1$ 时：

$$X_c(s)\approx\frac{X_r(s)}{W_f(s)} \qquad (2-73)$$

式(2-73)表明，在上述条件下，系统具有较强的抗干扰能力，即扰动信号对输出影响很小。同时系统的输出 $X_c(s)$ 主要取决于反馈通过传递函数 $W_f(s)$ 和输入信号 $X_r(s)$，与前向通道的传递函数几乎无关。

若反馈通道传递函数 $W_f(s)=1$，即单位反馈，$X_c(s)\approx X_r(s)$，从而系统几乎实现了对给定信号的完全复现，这对实际工程的设计是很有意义的。实际工程中，干扰信号是难以避免的，但只要根据上述条件适当选择元件参数，就可以抑制干扰影响，这正是反馈控制系统最基本的特点。

（3）闭环系统的误差传递函数

反馈控制系统是按偏差来调节控制的，在分析实际系统时，不仅要考核系统输出的变化规律，也要关心误差信号的变化规律，因为误差的大小直接反映系统的控制精度问题。

按照图 2-37 所示的典型反馈控制结构，定义误差为：

$$e(t)=x_r(t)-x_f(t) \qquad (2-74)$$

则

$$E(s)=X_r(s)-X_f(s) \qquad (2-75)$$

①给定信号 $x_r(t)$ 作用下的系统误差传递函数

分析给定信号 $x_r(t)$ 作用下的系统误差传递函数,令干扰信号 $x_d(t)=0$,将 $x_r(t)$ 作为输入,$e(t)$ 作为输出,按照信号传递关系,重新绘制系统结构图,如图 2-40 所示。

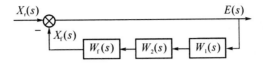

图 2-40　给定信号 $x_r(t)$ 作用下误差输出结构图

由图 2-40 可知,给定信号 $X_r(s)$ 作用下的系统误差传递函数:

$$W_{er}(s)=\frac{E(s)}{X_r(s)}=\frac{1}{1+W_1(s)W_2(s)W_f(s)} \tag{2-76}$$

则给定信号 $x_r(s)$ 作用下的系统误差:

$$E_r(s)=W_{er}(s)X_r(s)=\frac{X_r(s)}{1+W_1(s)W_2(s)W_f(s)} \tag{2-77}$$

②扰动信号 $x_d(t)$ 作用下的系统误差传递函数

分析扰动信号 $x_d(t)$ 作用,令给定信号 $x_r(t)=0$,将 $x_d(t)$ 作为输入,$e(t)$ 作为输出,按照信号传递关系,重新绘制系统结构图,如图 2-41 所示。

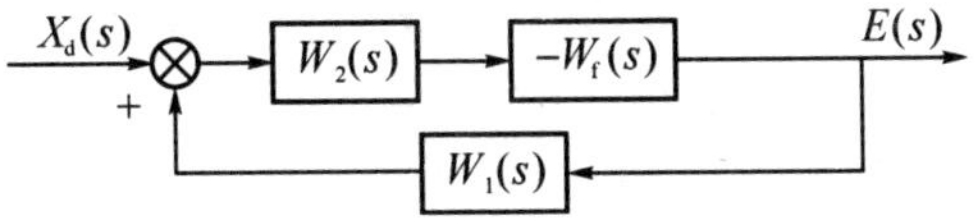

图 2-41　扰动信号 $x_d(t)$ 作用下误差输出结构图

由图 2-41 可得,扰动信号 $X_d(s)$ 作用下,系统的误差传递函数:

$$W_{ed}(s)=\frac{E(s)}{X_d(s)}=\frac{-W_2(s)W_f(s)}{1+W_1(s)W_2(s)W_f(s)} \tag{2-78}$$

扰动信号 $X_d(s)$ 作用下,系统的误差:

$$E_d(s)=W_{ed}(s)X_d(s)=\frac{-W_2(s)W_f(s)X_d(s)}{1+W_1(s)W_2(s)W_f(s)} \tag{2-79}$$

由式(2-77)和式(2-79),根据叠加原理可知,系统在给定信号 $x_r(t)$ 和扰动信号 $x_d(t)$ 共同作用下系统的总误差为:

$$E(s)=E_r(s)+E_d(s)=\frac{X_r(s)}{1+W_1(s)W_2(s)W_f(s)}+\frac{-W_2(s)W_f(s)X_d(s)}{1+W_1(s)W_2(s)W_f(s)} \tag{2-80}$$

式(2-80)中,若同时满足 $|W_1(s)W_2(s)W_f(s)|\gg 1$ 和 $|W_1(s)|\gg 1$ 时:

$$E(s)\approx 0 \tag{2-81}$$

上式(2-81)表明,选择适当的系统元件参数,系统控制精度高(准确性好),具有较强的抗干扰能力。

2.4 信号流图与梅森公式

2.4.1 信号流图中的术语

1. 信号流图中的两个基本单元是节点和支路。

2. 基本单元的表示符号及含义

（1）节点在图中用一个小圆圈"○"表示，它代表系统中的变量或信号。

（2）支路是表示各变量之间因果关系的一条有向线段（连接节点的有向线段），信号沿着有向线段上箭头指明的方向传递。

（3）增益（两个变量之间的传递函数）为两个变量之间的因果关系式，标在相应支路的旁边，如图 $2-42$ 所示，x_1 和 x_2 表示两个变量，x_1 指向 x_2 的有向线段表示支路，a 表示增益，则有 $x_2 = a x_1$。

图 $2-42$ 信号流图示意图

（4）输入节点（源点）：只有输出支路，没有输入支路的节点。（一般表示系统的输入变量）

（5）输出节点（汇点）：只有输入支路，没有输出支路的节点。（一般表示系统的输出变量）

（6）混合节点：既有输入支路也有输出支路的节点。

2.4.2 信号流图的绘制

按照信号流图的基本组成及结构，可以将如图 $2-43$(a)所示系统动态结构图绘制成图 $2-43$(b)所示的信号流图。在信号流图中，节点所表示的变量等于流入该节点的信号的代数和。从节点流出的每一支路信号都等于该节点所表示的变量。信号流图的基本化简法则与动态结构图的变换法则相对应，这里不再赘述。

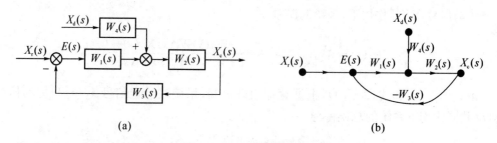

(a)   (b)

图 $2-43$ 系统结构图与信号流图

2.4.3 梅森公式(S. J. Mason)

为正确使用梅森公式，需要首先明确下面几个常用名词术语：

1. 几个常用名词术语

前向通道：从输入节点到输出节点，并且每个节点只通过一次的通道。

回路：从某个节点出发按箭头方向回到该节点，并且每个节点只通过一次的通道。

互不接触回路：若两个回路没有公共节点，则称它们为互不接触回路。

注意：回路传递函数是指回路中的前向通道和反馈通道传递函数的乘积，并且包含代表反馈极性的正、负号。

2. S. J. Mason 公式

用动态结构图等效变换的方法求取较复杂系统的传递函数是很繁琐的，而用梅森公式方法较简单，不需要对结构图进行任何变换，只需要对结构图观察、分析后，便可以求得传递函数。

梅森公式的一般表达式为：

$$T(s) = \frac{X_c(s)}{X_r(s)} = \frac{1}{\Delta(s)} \sum_{k=1}^{n} T_k(s)\Delta_k(s) \tag{2-82}$$

式（2-82）中：

$T(s)$ 表示从输入 $X_r(s)$ 到输出 $X_c(s)$ 之间待求的传递函数；

$\Delta(s)$ 为系统的特征式，且

$$\Delta(s) = 1 - \text{所有不同回路的传递函数之和}$$
$$+ \text{每两个不接触回路的传递函数乘积之和}$$
$$- \text{每三个不接触回路的传递函数乘积之和} + \cdots - \cdots$$
$$= 1 - \sum L_i + \sum L_i L_j - \sum L_i L_j L_k + \cdots - \cdots$$

$T_k(s)$ 表示输入 $X_r(s)$ 到输出 $X_c(s)$ 的第 k 条前向通道的传递函数；

$\Delta_k(s)$ 表示将 $\Delta(s)$ 中与 $T_k(s)$ 通道接触的回路的传递函数取 0 后得到的表达式；

$\sum L_i$ 表示所有不同回路传递函数之和；

$\sum L_i L_j$ 表示每两个互不接触回路传递函数的乘积之和；

$\sum L_i L_j L_k$ 表示每三个互不接触回路传递函数的乘积之和。

例 2-8　将如图 2-44 所示的多回路系统动态结构图转化为信号流图，并用 Mason 公式求取传递函数。

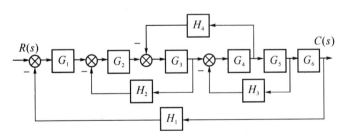

图 2-44　多回路系统动态结构图

解：(1) 画信号流图，如图 2-45 所示。

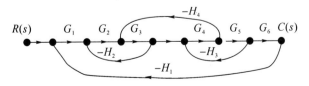

图 2-45　多回路系统信号流图

（2）找出前向通道数 k，并确定其传递函数：

在图 2-45 所示信号流图中，从输入 $R(s)$ 到输出 $C(s)$，只有一条前向通道，即 $k=1$，且传递函数为：

$$T_1 = G_1 G_2 G_3 G_4 G_5 G_6$$

（3）确定独立的回路：

观察图 2-45 所示信号流图，该图中有四个独立回路，如图 2-46(a)、(b)、(c)、(d)所示，四个回路分别为①、②、③和④。

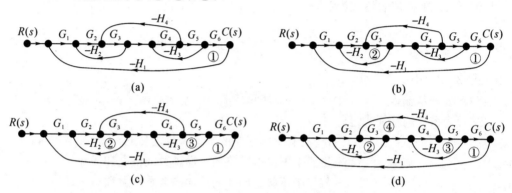

图 2-46　独立回路图

四个回路的传递函数分别为：

$$L_1 = -G_1 G_2 G_3 G_4 G_5 G_6 H_1$$
$$L_2 = -G_2 G_3 H_2$$
$$L_3 = -G_4 G_5 H_3$$
$$L_4 = -G_3 G_4 H_4$$

（4）求系统特征式 Δ

四个独立回路传递函数之和为：

$$\sum_{k=1}^{4} L_k = L_1 + L_2 + L_3 + L_4 = -G_1 G_2 G_3 G_4 G_5 G_6 H_1$$
$$- G_2 G_3 H_2 - G_4 G_5 H_3 - G_3 G_4 H_4$$

四个独立回路中，回路②和③互不接触，故：

$$\sum L_i L_j = L_2 L_3 = G_2 G_3 G_4 G_5 H_2 H_3$$

显然

$$\sum L_i L_j L_k = 0$$

于是可以求出特征方程式：

$$\Delta = 1 - \sum_{k=1}^{4} L_k + \sum L_i L_j = 1 - (-G_1 G_2 G_3 G_4 G_5 G_6 H_1 - G_2 G_3 H_2$$
$$- G_4 G_5 H_3 - G_3 G_4 H_4) + G_2 G_3 G_4 G_5 H_2 H_3$$

（5）确定 Δ_1：

四个独立回路与前向通道都有信号接触，所以：

$$\Delta_1 = 1$$

（6）求传递函数：

$$W(s)=\frac{C(s)}{R(s)}=\frac{1}{\Delta}T_1\Delta_1$$

$$=\frac{G_1G_2G_3G_4G_5G_6}{1+G_2G_3H_2+G_3G_4H_4+G_4G_5H_3+G_2G_3G_4G_5H_2H_3+G_1G_2G_3G_4G_5G_6H_1}$$

用梅森公式求传递函数时，可以不用绘制信号流图，直接由结构图观察、分析即可。下面举例说明。

例 2 - 9 系统动态结构图如图 2 - 47 所示。用梅森公式求传递函数。

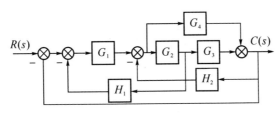

图 2 - 47 系统动态结构图

解：（1）确定前向通道

如图 2 - 47 所示的系统有两条前向通道。

且两条前向通道的传递函数分别为：

$$T_1=G_1G_2G_3$$
$$T_2=G_1G_4$$

（2）确定独立回路

观察图 2 - 47 所示的结构图，可见该系统有五个独立的回路，其各回路传递函数分别为：

$$L_1=-G_1G_2G_3$$
$$L_2=-G_1G_2H_1$$
$$L_3=-G_2G_3H_2$$
$$L_4=-G_1G_4$$
$$L_5=-G_4H_2$$

（3）求系统特征式 Δ

图 2 - 47 所示的系统中，五个独立回路的传递函数之和为：

$$\sum_{k=1}^{5}L_k=L_1+L_2+L_3+L_4+L_5=-G_1G_2G_3-G_1G_2H_1-G_2G_3H_2-G_1G_4-G_4H_2$$

各个回路都互相接触，因此

$$\sum L_iL_j=0$$

所以

$$\Delta=1-\sum_{k=1}^{5}L_k=1+G_1G_2G_3+G_1G_2H_1+G_2G_3H_2+G_1G_4+G_4H_2$$

观察结构图，发现每条前向通道都与五个回路有接触，故

$$\Delta_1 = 1$$
$$\Delta_2 = 1$$

（4）求传递函数

$$W(s) = \frac{C(s)}{R(s)} = \frac{1}{\Delta}(T_1\Delta_1 + T_2\Delta_2) = \frac{G_1G_2G_3 + G_1G_4}{1 + G_1G_2G_3 + G_1G_2H_1 + G_2G_3H_2 + G_1G_4 + G_4H_2}$$

习 题

2.1 建立如图 2-48 所示电路系统的微分方程，并求出传递函数 $W(s) = \dfrac{U_c(s)}{U_r(s)}$。

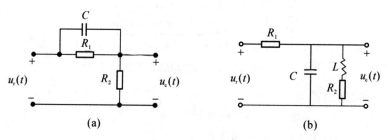

图 2-48 电路系统

2.2 建立如图 2-49 所示机械系统的微分方程。其中，$x_r(t)$ 为输入位移量；$x_c(t)$ 为输出位移量。

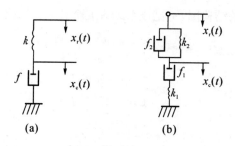

图 2-49 机械系统

2.3 简述传递函数的概念，并说明其性质。

2.4 系统的微分方程如下，式中 τ、K_1、K_2、K_3、K_4、K_5、T 均为正的常数。试建立系统输入 $x_r(t)$ 到输出 $x_c(t)$ 的动态结构图，并求出系统的传递函数 $W(s) = \dfrac{X_c(s)}{X_r(s)}$。

$$x_1 = x_r - x_c$$
$$x_2 = \tau\dot{x}_1 + K_1x_1$$
$$x_3 = K_2x_2$$
$$x_4 = x_3 - x_5 - K_5x_c$$
$$\dot{x}_5 = K_3x_4$$
$$K_4x_5 = T\dot{x}_c + x_c$$

2.5 已知系统结构图如图 2 - 50 所示。其中 $X_r(s)$ 为有用的输入信号，$X_d(s)$ 为干扰信号，$X_c(s)$ 为系统输出信号。

（1）分别求：

①有用输入信号 $X_r(s)$ 作用下的系统闭环传递函数和误差传递函数；

②干扰信号 $X_d(s)$ 作用下的系统闭环传递函数和误差传递函数。

（2）若消除 $X_d(s)$ 的影响，$W_4 = ?$

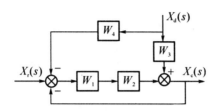

图 2 - 50　系统结构图

2.6 化简图 2 - 51 所示的自动控制系统结构图，并写出化简后的传递函数 $W(s) = \dfrac{U_C(s)}{U_r(s)}$。

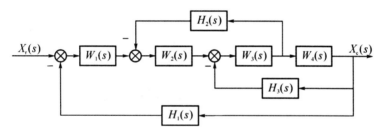

图 2 - 51　自动控制系统结构图

2.7 已知系统结构如图 2 - 52 所示，求传递函数 $\dfrac{X_{c1}(s)}{X_{r1}(s)}$，$\dfrac{X_{c2}(s)}{X_{r2}(s)}$，$\dfrac{X_{c1}(s)}{X_{r2}(s)}$，$\dfrac{X_{c2}(s)}{X_{r1}(s)}$。

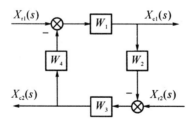

图 2 - 52　系统结构图

2.8 已知系统结构图如图 2 - 53 所示，图中 $X_r(s)$ 为给定信号，$X_d(s)$ 为扰动信号，$X_c(s)$ 为输出信号。试求传递函数 $W_{Br}(s) = \dfrac{X_c(s)}{X_r(s)}$，$W_{Bd}(s) = \dfrac{X_c(s)}{X_d(s)}$。

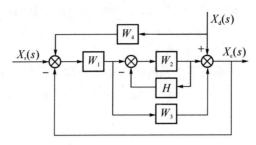

图 2-53　系统结构图

2.9　飞机俯仰角控制系统如图 2-54 所示,试求闭环传递函数$\dfrac{Q_c(s)}{Q_r(s)}$。

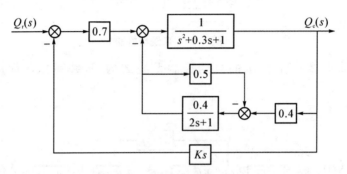

图 2-54　飞机俯仰角控制系统图

2.10　用梅森公式求图 2-55 所示系统的传递函数 $W(s)=\dfrac{X_c(s)}{X_r(s)}$。

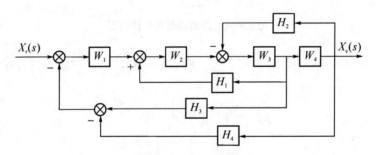

图 2-55　系统结构图

第三章　自动控制系统时域分析

建立动态数学模型,是对控制系统进行理论研究的前提。数学模型建立之后,便可采用不同的方法来对系统的控制性能作全面的分析和计算。对线性定常系统,常用的方法有时域分析法、根轨迹法和频域分析法。

时域分析法是最基本的一种方法,它具有直观、准确的优点。根据系统微分方程,用拉普拉斯变换直接解出动态过程,并依据过程曲线及表达式分析系统的稳、快、准等性能。

3.1　典型输入信号及性能指标

3.1.1　典型输入信号

典型输入信号是众多而复杂的实际外作用信号的近似和抽象,它的选择不仅使数学运算简单,而且还便于用实验验证。理论研究者相信它,是因为它是实际信号的分解和近似;实践工作者接受它,是因为实践证明它确实是一种有效的手段。常用的典型输入信号有以下五种。

1. 脉冲函数

其数学表达式为

$$x_r(t) = A\delta(t) \tag{3-1}$$

式(3-1)中,A 为脉冲函数的冲量值,若 $A=1$,$x_r(t)$ 为单位脉冲函数,即:

$$x_r(t) = \delta(t) \tag{3-2}$$

$$\int_{-\infty}^{+\infty} \delta(t)\mathrm{d}t = 1 \tag{3-3}$$

$$\delta(t) = \begin{cases} 0 & t \neq 0 \\ \infty & t = 0 \end{cases} \tag{3-4}$$

由式(3-4)可见,$\delta(t)$ 是一种理想脉冲信号,实际上是不存在的,它只是某些物理现象经过数学抽象化处理的结果。实际的脉冲信号、脉冲电信号、阵风或大气湍流、撞击力、武器弹射的爆发力等,均可视为理想脉冲信号。

实际的单位脉冲如图 3-1 所示,其数学表达式为:

$$\delta_\Delta(t) = \begin{cases} 0 & t < 0 \text{ 或 } t > \Delta \\ \dfrac{1}{\Delta} & 0 \leqslant t \leqslant \Delta \end{cases} \tag{3-5}$$

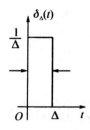

图 3-1　实际的单位脉冲函数

式(3-5)中,Δ 为脉冲宽度或脉冲持续时间;$\dfrac{1}{\Delta}$ 为脉冲高度。

$$\int_{-\infty}^{+\infty} \delta_\Delta(t)\mathrm{d}t = \Delta \cdot \frac{1}{\Delta} = 1 \qquad (3-6)$$

式(3-5)中,若 $\Delta \rightarrow 0$,则 $\dfrac{1}{\Delta} \rightarrow \infty$,$\delta_\Delta(t) \rightarrow \delta(t)$,其拉氏变换和 z 变换分别为:

$$L[\delta(t)] = 1 \qquad (3-7)$$

$$z[\delta(t)] = 1 \qquad (3-8)$$

2. 阶跃函数

如图 3-2 所示的阶跃函数,其数学表达式为:

$$x_r(t) = \begin{cases} 0 & t < 0 \\ A & t \geqslant 0 \end{cases} \qquad (3-9)$$

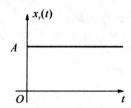

图 3-2　阶跃函数

式(3-9)中,A 为阶跃函数的阶跃量,若 $A=1$,$x_r(t)$ 为单位阶跃函数,即:

$$x_r(t) = \begin{cases} 0 & t < 0 \\ 1 & t \geqslant 0 \end{cases} \qquad (3-10)$$

记

$$x_r(t) = 1(t) \qquad (3-11)$$

且

$$\dot{1}(t) = \delta(t) \qquad (3-12)$$

式(3-12)表明,单位阶跃函数的一阶微分为单位脉冲函数。

阶跃函数的拉氏变换和 z 变换分别为:

$$L[x_r(t)] = \frac{A}{s} \qquad (3-13)$$

$$z[x_r(t)] = \frac{Az}{z-1} \qquad (3-14)$$

指令突变、合闸、负荷突变等均可视为阶跃函数。实际系统分析中,常用阶跃函数作为输入信号来反映和评价系统的动态性能,是应用较多的一种典型输入信号,也称为常值信号。

3. 斜坡函数

斜坡函数也称为速度函数,如图 3-3 所示,其数学表达式为:

$$x_r(t) = \begin{cases} 0 & t < 0 \\ Bt & t \geq 0 \end{cases} \qquad (3-15)$$

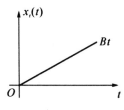

图 3-3　斜坡函数

式(3-15)中,B 为斜坡函数的速度值,若 $B=1$,$x_r(t)$ 为单位斜坡(或速度)函数,即:

$$x_r(t) = \begin{cases} 0 & t < 0 \\ t & t \geq 0 \end{cases} \qquad (3-16)$$

记

$$x_r(t) = t \qquad (3-17)$$

且

$$\dot{t} = 1(t) \qquad (3-18)$$

式(3-18)表明,单位速度函数的一阶微分为单位阶跃函数。

速度函数的拉氏变换和 z 变换分别为:

$$L[x_r(t)] = \frac{B}{s^2} \qquad (3-19)$$

$$z[x_r(t)] = \frac{BTz}{(z-1)^2} \qquad (3-20)$$

式(3-20)中,T 为采样周期。

数控机床加工斜面的进给指令、机械手的等速移动指令等均可视为斜坡作用,斜坡信号亦称等速信号。

4. 抛物线函数

抛物线函数也称为加速度函数,如图 3-4 所示,其数学表达式为:

$$x_r(t) = \begin{cases} 0 & t < 0 \\ \dfrac{1}{2}Ct^2 & t \geq 0 \end{cases} \qquad (3-21)$$

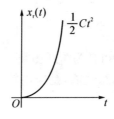

图 3－4　抛物线函数

式(3-21)中，C 为加速度函数的加速度值，若 $C=1$，$x_r(t)$ 为单位加速度(或抛物线)函数，即：

$$x_r(t)=\begin{cases}0 & t<0 \\ \dfrac{1}{2}t^2 & t\geqslant 0\end{cases} \qquad (3-22)$$

记

$$x_r(t)=\frac{1}{2}t^2 \qquad (3-23)$$

且

$$\dot{x}_r(t)=\left(\frac{1}{2}t^2\right)'=t \qquad (3-24)$$

式(3-24)表明，单位加速度函数的一阶微分为单位速度函数。

加速度函数的拉氏变换和 z 交换分别为：

$$L[x_r(t)]=\frac{C}{s^3} \qquad (3-25)$$

$$z[x_r(t)]=\frac{CT^2z(z+1)}{2(z-1)^3} \qquad (3-26)$$

式(3-26)中，T 也为采样周期。

5. 正弦函数

如图 3-5 所示的正弦函数，其数学表达式为：

$$x_r(t)=\begin{cases}0 & t<0 \\ A\sin(\omega t) & t\geqslant 0\end{cases} \qquad (3-27)$$

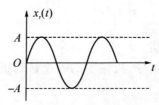

图 3－5　正弦函数

式(3-27)中，A 为幅值，ω 为角频率，若 $A=1$，$x_r(t)$ 为单位正弦函数，即：

$$x_r(t)=\begin{cases}0 & t<0 \\ \sin(\omega t) & t\geqslant 0\end{cases} \qquad (3-28)$$

正弦函数的拉氏变换和 z 交换分别为：

$$L[x_r(t)] = \frac{A\omega}{s^2 + \omega^2} \qquad (3-29)$$

$$z[x_r(t)] = \frac{Az\sin(\omega T)}{z^2 - 2z\cos(\omega T) + 1} \qquad (3-30)$$

式(3-30)中，T 也为采样周期。

实际控制过程中，电源、振动的噪声及海浪对船舶的扰动力等，均可视为正弦作用。

3.1.2　典型初始状态

控制系统的动态过程即响应用 $x_c(t)$ 表示，它不仅取决于系统本身的结构、参数。而且和系统的初状态以及加于系统上的外作用有关。初状态及外作用不同，响应便不同。

实际上，控制系统的外加输入信号和承受的扰动各不相同，初始状态也各不相同。为了便于分析和比较系统的优劣，通常对外作用和初状态做一些典型化的处理，使控制系统的分析研究更加科学、简便、合理。

规定控制系统的初状态为典型初始状态，即：

$$x_c(0^-) = \dot{x}_c(0^-) = \ddot{x}_c(0^-) = \cdots = 0$$

这表明，在外作用加于系统瞬时($t=0$)之前，被控量及其各阶导数相对于平衡工作点的增量为零，系统处于相对平衡状态。

3.1.3　典型时间响应

初始状态为零的系统，在典型输入信号作用下的输出量，称为典型时间响应。从数学角度来看，典型时间响应其实就是在零初始条件以及典型外输入信号作用下，微分方程的解。

1. 单位阶跃响应

系统在单位阶跃信号 $x_r(t) = 1(t)$ 作用下的输出，称为单位阶跃响应，常用 $h(t)$ 来记。若系统的闭环传递函数为 $W(s)$，则单位阶跃响应的拉氏变换为：

$$H(s) = W(s) \cdot X_r(s) = W(s) \cdot \frac{1}{s} \qquad (3-31)$$

则单位阶跃响应为：

$$h(t) = L^{-1}[H(s)] = L^{-1}\left[W(s) \cdot \frac{1}{s}\right] \qquad (3-32)$$

单位阶跃响应曲线如图 3-6 所示。

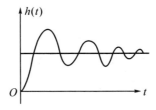

图 3-6　单位阶跃响应曲线

2. 单位斜坡响应

系统在单位斜坡信号 $x_r(t)=t$ 作用下的输出,称为单位斜坡响应,常用 $C_t(t)$ 来记。则单位斜坡响应的拉氏变换为:

$$C_t(s)=W(s) \cdot X_r(s)=W(s) \cdot \frac{1}{s^2} \qquad (3-33)$$

单位斜坡响应为:

$$C_t(t)=L^{-1}\big[C_t(s)\big]=L^{-1}\Big[W(s) \cdot \frac{1}{s^2}\Big] \qquad (3-34)$$

单位斜坡响应曲线如图 3-7 所示。

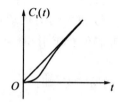

图 3-7 单位斜坡响应曲线

3. 单位脉冲响应

系统在单位脉冲信号 $x_r(t)=\delta(t)$ 作用下的输出,称为单位脉冲响应,常用 $k(t)$ 来记。则单位脉冲响应的拉氏变换为:

$$K(s)=W(s) \cdot X_r(s)=W(s) \cdot 1=W(s) \qquad (3-35)$$

单位脉冲响应为:

$$k(t)=L^{-1}\big[K(s)\big]=L^{-1}\big[W(s) \cdot 1\big]=L^{-1}\big[W(s)\big] \qquad (3-36)$$

单位脉冲响应曲线如图 3-8 所示。可见系统的单位脉冲响应就是系统传递函数的拉氏反变换。和传递函数一样,单位脉冲响应只由系统的动态结构及参数决定,$k(t)$ 也可认为是系统的数学模型。

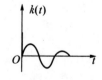

图 3-8 单位脉冲响应曲线

3.1.4 阶跃响应性能指标

从时间上来划分,控制系统的时间响应可分为过渡(暂态或瞬态)过程和稳态过程。过渡过程是指系统从初始状态到接近最终状态的响应过程,或者说是从一种稳态到另外一种稳态之间的响应过程;稳态过程是指时间 $t \rightarrow \infty$ 时系统的输出状态,它表征系统输出量最终复现输入量的程度。如前 1.6 节所述,工程上常从稳、快和准三个方面来评价控制系统的过渡和稳态过程性能。一般认为,跟踪和复现阶跃信号对于系统来讲是需要较严格的工作条件的,故以阶跃响应来衡量系统的性能优劣,并且定义其时域性能指标。控制系统的典型单位阶跃响应曲线如图 3-9 所示。

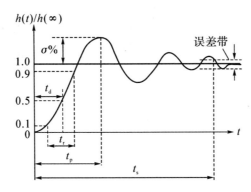

图 3-9 控制系统的典型单位阶跃响应曲线

1. 延迟时间

延迟时间用 t_d 来记,指单位阶跃响应曲线 $h(t)$ 上升到其稳态值的 50% 所用的时间。

2. 上升时间

上升时间用 t_r 来记,指单位阶跃响应曲线 $h(t)$ 从稳态值的 10% 上升到 90% 所用的时间,或者指从 0 上升到稳态值所用的时间。

3. 峰值时间

峰值时间用 t_p 来记,指单位阶跃响应曲线 $h(t)$ 超过其稳态值而达到第一个峰值所用的时间。

4. 超调量

超调量用 $\sigma\%$ 来记,指在单位阶跃响应过程中,响应曲线超出稳态值的最大偏离量和稳态值之比,可以表示为:

$$\sigma\% = \frac{h(t_p) - h(\infty)}{h(\infty)} \times 100\% \qquad (3-37)$$

5. 调节时间

调节时间用 t_s 来记,指在单位阶跃响应曲线的稳态值附近,取 $\pm 5\%$(或 $\pm 2\%$)作为误差带,响应曲线达到并不再超出该误差带的最短时间。调节时间标志着过渡过程结束,系统的响应将进入稳态过程。

6. 稳态误差

稳态误差用 e_{ss} 来记,是指当 $t \to \infty$ 时,单位阶跃响应的实际值(即稳态值)与期望值(一般为给定值 $1(t)$)的差,可以表示为:

$$e_{ss} = 1 - h(\infty) \qquad (3-38)$$

由式(3-38)可见,若 $h(\infty) = 1$,$e_{ss} = 0$。

上述六个指标中,延迟时间 t_d、上升时间 t_r、峰值时间 t_p、超调量 $\sigma\%$ 和调节时间 t_s 五个指标是系统过渡过程指标;稳态误差 e_{ss} 是系统稳态过程指标。超调量 $\sigma\%$ 反映系统的平稳性,即"稳";调节时间 t_s 反映系统的快速性,即"快";稳态误差 e_{ss} 反映系统的准确性,即"准"。下面将重点从"稳""快"和"准"三个方面,分别研究一、二阶系统的阶跃响应性能指标。

3.2　一阶系统分析与计算

由一阶微分方程描述的系统,称一阶系统。它是工程中最基本、最简单的系统,如一阶 RC 网络、发电机、热处理炉、水箱等,均可近似为一阶系统。

3.2.1　一阶系统的数学模型

一阶系统的微分方程为:

$$T\frac{\mathrm{d}x_c(t)}{\mathrm{d}x_r(t)}+x_c(t)=x_r(t) \tag{3-39}$$

式(3-39)中:$x_r(t)$ 为系统输入量;$x_c(t)$ 为系统输出量;T 为时间常数。

一阶系统的动态结构如图 3-10 所示,其闭环传递函数为:

$$W(s)=\frac{X_c(s)}{X_r(s)}=\frac{1}{Ts+1} \tag{3-40}$$

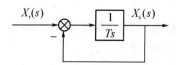

图 3-10　一阶系统动态结构图

式(3-39)的微分方程、式(3-40)的传递函数以及图 3-10 的动态结构图都为一阶系统的数学模型。时间常数 T 是表征系统的惯性的主要参量,一阶系统实际上也是前面研究的惯性环节。不同的物理系统,时间常数 T 所具有的物理意义不同,但时间常数 T 都具有时间"秒"的量纲。

3.2.2　一阶系统的单位阶跃响应

当一阶系统外加单位阶跃信号时,即:

$$x_r(t)=1(t)$$

$$X_r(s)=\frac{1}{s}$$

则一阶系统输出的拉氏变换为:

$$X_c(s)=W(s)\cdot X_r(s)=\frac{1}{Ts+1}\cdot\frac{1}{s} \tag{3-41}$$

对式(3-41)反拉氏变换,便得一阶系统的单位阶跃响应:

$$x_c(t)=L^{-1}[X_c(s)]=L^{-1}\left[\frac{1}{Ts+1}\cdot\frac{1}{s}\right]=1-\mathrm{e}^{-\frac{t}{T}} \tag{3-42}$$

式(3-42)也可以写成:

$$x_c(t)=x_{css}(t)+x_{ctt}(t) \tag{3-43}$$

式(3-43)中,$x_{css}(t)=1$ 为稳态分量;$x_{ctt}(t)=-\mathrm{e}^{-\frac{t}{T}}$ 为暂态分量。若 $t\rightarrow\infty$,

$x_{\text{ctt}}(t) = -\mathrm{e}^{-\frac{t}{T}} \to 0$，一阶系统阶跃响应由 0 开始按指数规律上升并趋于 1。一阶系统的单位阶跃响应曲线如图 3-11 所示，可见一阶系统的单位阶跃响应具有非周期性，且无振荡。

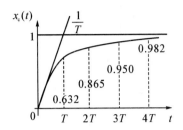

图 3-11　一阶系统单位阶跃响应曲线

由式(3-42)可知，时间常数 T 是一阶系统唯一的结构参数，它与输出 $x_c(t)$ 之间有确定的对应关系：

$$t = T, x_c(t) = 0.632$$
$$t = 2T, x_c(t) = 0.865$$
$$t = 3T, x_c(t) = 0.950$$
$$t = 4T, x_c(t) = 0.982$$

根据上述值，可以通过实验的方法，鉴别所测系统是否是一阶系统，并确定时间常数 τ 的大小。

根据式(3-42)可见，一阶系统阶跃响应曲线在 $t=0$ 时的斜率（速度）为：

$$\dot{x}_c(t)\big|_{t=0} = \frac{1}{T}\mathrm{e}^{-\frac{1}{T}t}\big|_{t=0} = \frac{1}{T} \tag{3-44}$$

式(3-44)表明，一阶系统单位阶跃响应曲线按此斜率（初始速度等速）由 0 点上升至稳态值，所需时间恰好为时间常数 T。所以减少时间常数，可以提高系统响应的初始速度。

3.2.3　一阶系统的单位阶跃响应的性能指标

由图 3-11 可知，一阶系统的单位阶跃响应具有非周期性，且没有超调，其动态性能指标主要是调节时间 t_s，它表征系统动态过程的快慢。图 3-11 表明，$t=3T$，$x_c(t)=0.950$，输出响应达到稳态值的 95%；$t=4T$，$x_c(t)=0.982$，输出响应达到稳态值的 98%，故调节时间 t_s 为：

$$t_s = 3T（取 \pm 5\% 误差带） \tag{3-45}$$
$$t_s = 4T（取 \pm 2\% 误差带） \tag{3-46}$$

由此可见，系统时间常数 T 越小，则调节时间 t_s 越短，响应越快；T 越大，调节时间 t_s 越长，则响应越慢。另外，由图 3-11 可看出，系统的单位阶跃响应没有稳态误差，即：

$$e_{ss} = 1 - x_c(\infty) = 1 - 1 = 0 \tag{3-47}$$

例 3-1　某一阶系统的系统结构图，如图 3-12 所示。给系统加入单位阶跃信号。

(1) 当 $K_H = 0.1$ 时，试求系统的时间常数 T 和调节时间 t_s；

（2）如果要求 $t_s=0.1$ s，系统的反馈系数 K_H 应如何调整？

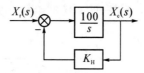

图 3 - 12   一阶系统结构图

解：由图 3 - 12 的系统结构图等效变换，可得系统闭环传递函数：

$$W(s)=\frac{X_c(s)}{X_r(s)}=\frac{\dfrac{100}{s}}{1+\dfrac{100}{s}\times K_H}=\frac{\dfrac{1}{K_H}}{\dfrac{1}{100K_H}\cdot s+1}$$

（1）当 $K_H=0.1$ 时，

$$W(s)=\frac{10}{0.1\cdot s+1}$$

将 $W(s)$ 的分母多项式对照标准式（3 - 40），可得出时间常数 T 为 0.1 s，则调节时间：

$$t_s=3T=0.3\text{ s（取}\pm5\%\text{误差带）}$$
$$t_s=4T=0.4\text{ s（取}\pm2\%\text{误差带）}$$

（2）由系统闭环传递函数可知，时间常数：

$$T=\frac{1}{100K_H}$$

则：

$$t_s=3T=\frac{3}{100K_H}=0.1\text{ s（取}\pm5\%\text{误差带）}$$
$$t_s=4T=\frac{4}{100K_H}=0.1\text{ s（取}\pm2\%\text{误差带）}$$

由此可得：

$$K_H=0.3\text{（取}\pm5\%\text{误差带）}$$
$$K_H=0.4\text{（取}\pm2\%\text{误差带）}$$

3.3 二阶系统分析与计算

由二阶微分方程描述的系统称为二阶系统。在控制系统中，二阶系统非常普遍，如电动机、小功率随动系统、机械动力系统等都是二阶系统。二阶系统和一阶系统都是研究高阶系统的基础，许多高阶系统在实际应用条件下也可简化为二阶系统进行动态研究。

3.3.1 二阶系统的数学模型

二阶系统的标准微分方程式为:

$$\frac{\mathrm{d}^2 x_{\mathrm{c}}(t)}{\mathrm{d}t^2}+2\zeta\omega_n\frac{\mathrm{d}x_{\mathrm{c}}(t)}{\mathrm{d}t}+\omega_n^2 x_{\mathrm{c}}(t)=\omega_n^2 x_{\mathrm{r}}(t) \tag{3-48}$$

式(3-48)中,$x_{\mathrm{r}}(t)$为输入量;$x_{\mathrm{c}}(t)$为输出量;ζ称为阻尼比;ω_n为自然振荡角频率(固有频率)。在零初始条件下,对式(3-48)两边进行拉氏变换,则系统的闭环传递函数为:

$$W_{\mathrm{B}}(s)=\frac{X_{\mathrm{c}}(s)}{X_{\mathrm{r}}(s)}=\frac{\omega_n^2}{s^2+2\zeta\omega_n s+\omega_n^2} \tag{3-49}$$

对式(3-49)作变换可得二阶系统开环传递函数为:

$$W_{\mathrm{K}}(s)=\frac{\omega_n^2}{s^2+2\zeta\omega_n s}=\frac{\omega_n^2}{s(s+2\zeta\omega_n)} \tag{3-50}$$

由变换式可得系统如图3-13所示的动态结构图。

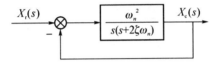

图3-13 二阶系统动态结构图

3.3.2 二阶系统的特征根及性质

二阶系统的特征方程为:

$$s^2+2\zeta\omega_n s+\omega_n^2=0 \tag{3-51}$$

特征方程的特征根为:

$$s_{1,2}=-\zeta\omega_n\pm\omega_n\sqrt{\zeta^2-1} \tag{3-52}$$

当二阶系统外加阶跃信号时,则其输出$x_{\mathrm{c}}(t)$为:

$$x_{\mathrm{c}}(t)=A_0+A_1\mathrm{e}^{s_1 t}+A_2\mathrm{e}^{s_2 t} \tag{3-53}$$

式(3-53)中,A_0、A_1、A_2是由输入$x_{\mathrm{r}}(t)$和初始条件决定的待定系数。由此可见,二阶系统的响应特点和特征根性质关系密切,特征根s_1和s_2完全取决于阻尼参数ζ和角频率ω_n,对于不同的二阶系统,ζ和ω_n的物理意义又不同。

根据ζ取值的不同,二阶系统闭环特征根s_1和s_2取值不同,见表3-1所示。ζ取值的不同,二阶系统特征方程的根(闭环极点)在复平面上的分布也不相同,如图3-14所示。

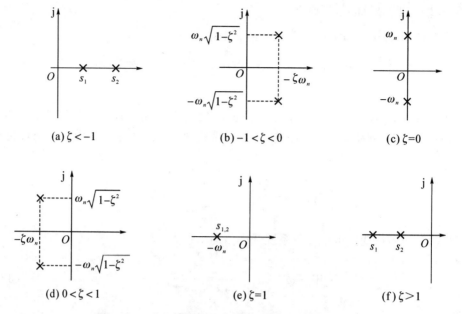

图 3 - 14　复平面上二阶系统特征根(闭环极点)分布

表 3 - 1　不同 ζ 下的二阶系统闭环特征根

欠阻尼	$0<\zeta<1$	$s_{1,2}=-\zeta\omega_n\pm j\omega_n\sqrt{1-\zeta^2}$	两个具有负实部的共轭复根
临界阻尼	$\zeta=1$	$s_{1,2}=-\omega_n$	两个相等的负实根
过阻尼	$\zeta>1$	$s_{1,2}=-\zeta\omega_n\pm\omega_n\sqrt{\zeta^2-1}$	两个不相等的负实根
零阻尼	$\zeta=0$	$s_{1,2}=\pm j\omega_n$	两个纯虚根
负阻尼	$-1<\zeta<0$	$s_{1,2}=-\zeta\omega_n\pm j\omega_n\sqrt{1-\zeta^2}$	两个具有正实部的共轭复根
	$\zeta<-1$	$s_{1,2}=-\zeta\omega_n\pm\omega_n\sqrt{\zeta^2-1}$	两个不相等的正实根

　　由表 3 - 1 可知,当 ζ<0 时,二阶系统的特征根将出现正实部,系统为一不稳定的系统,其阶跃响应呈发散状态。

　　二阶系统正常工作的基本条件是:阻尼比 ζ 必须大于零。另外,ζ>1 时阶跃响应具有非周期性,0<ζ<1 时阶跃响应具有振荡衰减特征。

3.3.3　二阶系统的单位阶跃响应

　　二阶系统在单位阶跃输入作用下,输出量的拉氏变换为:

$$X_c(s)=W_B(s)\cdot X_r(s)=\frac{\omega_n^2}{s^2+2\zeta\omega_n s+\omega_n^2}\cdot\frac{1}{s} \qquad (3-54)$$

则其单位阶跃响应的一般式为:

$$x_c(t)=L^{-1}[X_c(s)]=L^{-1}\left[\frac{\omega_n^2}{s^2+2\zeta\omega_n s+\omega_n^2}\cdot\frac{1}{s}\right]=1+A_1e^{s_1 t}+A_2e^{s_2 t} \qquad (3-55)$$

式(3-55)中,

$$A_1 = \frac{\omega_n^2}{s_1(s_1-s_2)}, A_2 = \frac{\omega_n^2}{s_2(s_2-s_1)}$$

1. 过阻尼二阶系统的单位阶跃响应

过阻尼（$\zeta > 1$）情况下，系统的特征根 s_1 和 s_2 为两个不相等的负实根，即：

$$s_{1,2} = -\zeta\omega_n \pm \omega_n\sqrt{\zeta^2-1} \tag{3-56}$$

将式（3-56）代入式（3-55），得单位阶跃响应的表达式为：

$$x_c(t) = 1 + \frac{1}{2(\zeta^2 - \zeta\sqrt{\zeta^2-1}-1)}e^{(-\zeta+\sqrt{\zeta^2-1})\omega_n t} + \frac{1}{2(\zeta^2-\zeta\sqrt{\zeta^2-1}-1)}e^{(-\zeta-\sqrt{\zeta^2-1})\omega_n t} \tag{3-57}$$

式（3-57）中，稳态分量为 1，后面两项指数项为暂态分量，均按指数规律变化，由于为负指数，则随着时间 $t\to\infty$，暂态分量逐渐衰减到 0，响应最终趋向稳态值 1，故系统稳态误差为 0。过阻尼二阶系统的单位阶跃响应曲线如图 3-15 所示。

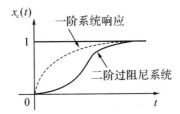

图 3-15 过阻尼二阶系统的单位阶跃响应曲线

由图 3-15 可知，响应明显地具有非周期性，无振荡和超调。二阶过阻尼系统的单位阶跃响应初始速度为零，之后逐渐加大，过某一极值又逐渐减小，故曲线上形成一个拐点，过阻尼二阶系统可以看成是两个时间常数不同的惯性环节（一阶系统）串联而成。而一阶系统的单位阶跃响应的初速度最大，然后逐渐减小到零，响应曲线无拐点，因此过阻尼二阶系统的单位阶跃响应不同于一阶系统的单位阶跃响应。

对于过阻尼二阶系统，动态性能指标只需考虑调节时间 t_s，调节时间 t_s 反映系统响应总体的快速性。而调节时间 t_s 根据定义求取时，由于需要求解超越方程而异常困难，因此通常用下述关系式进行估算：

$$t_s = \frac{1}{\omega_n}(6.45\zeta - 1.7)(取 5\% 误差带且 \zeta \geq 0.7) \tag{3-58}$$

由式（3-58）可见，提高系统响应快速性，减少调节时间，应增大 ω_n、减小 ζ。

2. 临界阻尼二阶系统的单位阶跃响应

临界阻尼（$\zeta = 1$）情况下，系统的特征根 s_1 和 s_2 为一对相等的负实根，即：

$$s_{1,2} = -\omega_n \tag{3-59}$$

而

$$X_c(s) = W_B(s) \cdot X_r(s) = \frac{\omega_n^2}{(s+\omega_n)^2} \cdot \frac{1}{s} \tag{3-60}$$

则单位阶跃响应的表达式为：

$$x_c(t) = L^{-1}[X_c(s)] = L^{-1}\left[\frac{\omega_n^2}{(s+\omega_n)^2} \cdot \frac{1}{s}\right] = 1 - (1 + \omega_n t)e^{-\omega_n t} \qquad (3-61)$$

由式(3-61)可知，$\zeta = 1$ 时，二阶系统的动态响应曲线仍为一上升曲线。临界阻尼响应与过阻尼类似，具有非周期性。稳态误差 $e_{ss} = 0$。调节时间 t_s 仍可用式(3-58)计算，其稳态值仍为 1。

3. 零阻尼二阶系统的单位阶跃响应

零阻尼($\zeta = 0$)情况下，系统的特征根 s_1 和 s_2 为一对纯虚根，即：

$$s_{1,2} = \pm j\omega_n$$

则

$$X_c(s) = W_B(s) \cdot X_r(s) = \frac{\omega_n^2}{(s^2 + \omega_n^2)} \cdot \frac{1}{s}$$

单位阶跃响应的表达式为：

$$X_c(t) = 1 - \cos\omega_n t \qquad (t \geq 0) \qquad (3-62)$$

式(3-62)表明，零阻尼二阶系统单位阶跃响应是一条平均值是 1 的等幅余弦振荡曲线，振荡角频率为 ω_n，故 ω_n 又称为无阻尼振荡频率。零阻尼二阶系统单位阶跃响应曲线如图 3-16 所示。本质上，ω_n 的数值完全由系统本身的结构和参数决定，故 ω_n 常称为固有频率或自然频率。

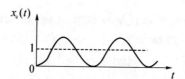

图 3-16 零阻尼二阶系统单位阶跃响应曲线

4. 欠阻尼二阶系统的单位阶跃响应

欠阻尼($0 < \zeta < 1$)情况下，系统的特征根 s_1 和 s_2 为一对具有负实部的共轭复数根，即：

$$s_{1,2} = -\zeta\omega_n \pm j\omega_n\sqrt{1-\zeta^2} = -\sigma \pm j\omega_d \qquad (3-63)$$

式(3-63)中，$\sigma = \zeta\omega_n$，为特征根实部之模值，具有角频率量纲。$\omega_d = \omega_n\sqrt{1-\zeta^2}$，称为阻尼振荡角频率，且

$$\omega_d < \omega_n \qquad (3-64)$$

当外加单位阶跃输入信号时，二阶系统输出的拉氏变换为：

$$X_c(s) = W_B(s) \cdot X_r(s) = \frac{\omega_n^2}{s^2 + 2\zeta\omega_n s + \omega_n^2} \cdot \frac{1}{s}$$

$$= \frac{1}{s} - \frac{s + \zeta\omega_n}{(s+\zeta\omega_n)^2 + \omega_d^2} - \frac{\zeta\omega_n}{(s+\zeta\omega_n)^2 + \omega_d^2} \qquad (3-65)$$

对式(3-65)反拉氏变换,则欠阻尼二阶系统的单位阶跃响应表达式为:

$$x_c(t) = L^{-1}[X_c(s)] = L^{-1}\left[\frac{\omega_n^2}{s^2 + 2\zeta\omega_n s + \omega_n^2} \cdot \frac{1}{s}\right]$$

$$= 1 - e^{-\zeta\omega_n t}\left[\cos\omega_d t + \frac{\zeta}{\sqrt{1-\zeta^2}}\sin\omega_d t\right]$$

$$= 1 - \frac{e^{-\zeta\omega_n t}}{\sqrt{1-\zeta^2}}\left[\sqrt{1-\zeta^2}\cos\omega_d t + \zeta\sin\omega_d t\right] \tag{3-66}$$

为便于欠阻尼二阶系统单位阶跃响应的分析与计算,引入阻尼直角三角形,如图3-17所示。

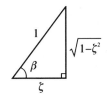

图3-17　阻尼直角三角形

由图3-17可得

$$\beta = \arctan\frac{\sqrt{1-\zeta^2}}{\zeta} \tag{3-67}$$

或

$$\beta = \arccos\zeta \tag{3-68}$$

则欠阻尼二阶系统单位阶跃响应表达式可简写为:

$$x_c(t) = 1 - \frac{e^{-\zeta\omega_n t}}{\sqrt{1-\zeta^2}}\sin(\omega_d t + \beta) \quad (t \geqslant 0) \tag{3-69}$$

由式(3-69)看见,系统响应由稳态分量与暂态分量两部分构成。其中,稳态分量值等于1;暂态分量是随着时间$t \to \infty$而振荡衰减的过程,振荡频率为$\omega_d = \omega_n\sqrt{1-\zeta^2}$,故二阶系统又称为振荡环节。

(1) 参数与性能分析

二阶系统单位阶跃响应通用曲线,如图3-18所示。下面根据图3-18分析系统的结构参数阻尼比ζ和角频率ω_n对阶跃响应的影响。

①平稳性

由图3-18看出,阻尼比ζ越大,超调量$\sigma\%$越小,系统响应的振荡倾向越弱,响应平稳性好。反之,阻尼比ζ越小,振荡越强烈,响应平稳性越差。

当$\zeta = 0$时,零阻尼响应具有频率为ω_n的等幅(不衰减)振荡。

阻尼比ζ和超调量$\sigma\%$的关系曲线,如图3-19所示。因

$$\omega_d = \omega_n\sqrt{1-\zeta^2}$$

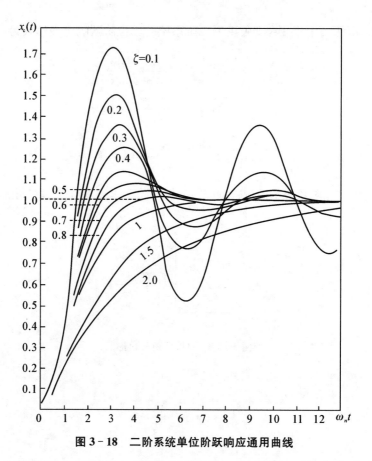

图 3‑18　二阶系统单位阶跃响应通用曲线

故,在一定的阻尼比 ζ 下,若 ω_n 越大,振荡频率 ω_d 也越高,系统响应的平稳性越差。

综上,要使二阶系统单位阶跃响应平稳性好,则需要适当增大阻尼比 ζ,减小自然频率 ω_n。

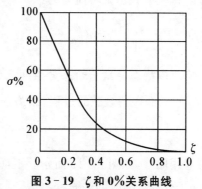

图 3‑19　ζ 和 0% 关系曲线

②快速性

由图 3‑18 可以看出,当阻尼比 ζ 过大,接近于 1 时,系统响应迟钝,调节时间 t_s 较长,系统快速性也较差。由图 3‑20 不同误差带的调节时间 t_s 和阻尼比 ζ 关系曲线可见,对于 5% 的误差带,当 $\zeta = \dfrac{\sqrt{2}}{2} = 0.707$ 时,调节时间 t_s 最短,快速性最好。由图 3‑20 可知,$\zeta = \dfrac{\sqrt{2}}{2} = 0.707$ 时,超调量 $\sigma\% < 5\%$,平稳性也是令人满意的,故称 $\zeta = \dfrac{\sqrt{2}}{2} = 0.707$

为最佳阻尼比；称 $\zeta=\dfrac{\sqrt{2}}{2}=0.707$ 的系统响应为最佳响应。

综上，在一定的阻尼比 ζ 下，ω_n 越大，调节时间 t_s 越短，快速性越好。

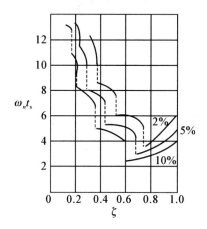

图 3-20　不同误差带的调节时间 t_s 和
阻尼比 ζ 关系曲线

③准确性

由式(3-65)可知，暂态分量是随着时间 $t\to\infty$ 而振荡衰减到 0，稳态分量为 1，故欠阻尼二阶系统的单位阶跃响应稳态误差为 0，系统准确性好，稳态控制精度高。

(2) 性能指标

在上述定性分析欠阻尼二阶系统单位阶跃响应性能指标的基础上，下面具体定量计算其各指标。

①上升时间 t_r

由式(3-66)，令 $x_c(t)=1$，则

$$x_c(t)=1-e^{-\zeta\omega_n t_r}\left[\cos\omega_d t_r+\frac{\zeta}{\sqrt{1-\zeta^2}}\sin\omega_d t_r\right]=1$$

由于

$$e^{-\zeta\omega_n t_r}=0$$

故

$$\cos\omega_d t_r+\frac{\zeta}{\sqrt{1-\zeta^2}}\sin\omega_d t_r=0$$

即

$$\tan\omega_d t_r=-\frac{\sqrt{1-\zeta^2}}{\zeta}$$

$$t_r=\frac{1}{\omega_d}\arctan\left(-\frac{\sqrt{1-\zeta^2}}{\zeta}\right)$$

由图 3-21β 角的定义可得

$$\arctan\left(-\frac{\sqrt{1-\zeta^2}}{\zeta}\right)=\pi-\beta$$

$$\beta=\arccos\zeta$$

故上升时间

$$t_r=\frac{\pi-\beta}{\omega_d}=\frac{\pi-\beta}{\omega_n\sqrt{1-\zeta^2}} \qquad (3-70)$$

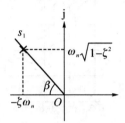

3 - 21 β 角的定义

②峰值时间 t_p

将式(3-66)响应表达式求导并令其为0,结合图3-17阻尼直角三角形关系,有

$$\frac{dx_c(t)}{dt}\Big|_{t=t_p}=(\sin\omega_d t_p)\frac{\omega_n}{\sqrt{1-\zeta^2}}e^{-\zeta\omega_n t_p}=0$$

则

$$\sin\omega_d t_p=0$$

故

$$\omega_d t_p=0,\pi,2\pi,\cdots$$

根据峰值时间 t_p 的定义,取第一个峰值的时间,所以

$$t_p=\frac{\pi}{\omega_d}=\frac{\pi}{\omega_n\sqrt{1-\zeta^2}} \qquad (3-71)$$

③超调量 $\sigma\%$

将式(3-71)的峰值时间 t_p 代入响应表达式(3-69)可得输出量的最大值

$$x_c(t)_{max}=x_c(t_p)=1-\frac{e^{-\zeta\omega_n t_p}}{\sqrt{1-\zeta^2}}(\sin\omega_d t_p+\beta)$$

$$=1-\frac{e^{-\frac{\zeta\omega_n}{\sqrt{1-\zeta^2}}}}{\sqrt{1-\zeta^2}}\sin(\pi+\beta)$$

结合图 3 - 21 得

$$\sin(\pi+\beta)=-\sin\beta=-\sqrt{1-\zeta^2}$$

$$x_c(t_p)=1+e^{-\pi\zeta/\sqrt{1-\zeta^2}}$$

故超调量

$$\sigma\% = \frac{x_c(t_p) - x_c(\infty)}{x(\infty)} \times 100\%$$

$$= \frac{x_c(t_p) - 1}{1} \times 100\%$$

$$= e^{-\pi\zeta/\sqrt{1-\zeta^2}} \times 100\% \tag{3-72}$$

式(3-72)表明,超调量 $\sigma\%$ 只与阻尼比 ζ 有关, $\zeta-\sigma\%$ 关系曲线如图3-19所示。当阻尼比为最佳阻尼 $\zeta=0.707$ 时, $\sigma\% = e^{-\pi\zeta/\sqrt{1-\zeta^2}} \times 100\% = 4.3\%$。

④调节时间 t_s

调节时间 t_s 是单位阶跃响应曲线 $x_c(t)$ 与稳态值 $x_c(\infty)$ 之间的偏差达到允许范围(一般取稳态值的 $\pm 2\% \sim \pm 5\%$)而不再超出的过渡过程时间。在过渡过程中的偏差为:

$$\Delta x = x_c(\infty) - x_c(t) = 1 - x_c(t) = \frac{e^{-\zeta\omega_n t}}{\sqrt{1-\zeta^2}} \sin(\omega_d t + \beta)$$

当 $\Delta x = 0.05$ 或 $\Delta x = 0.02$ 时

$$\frac{e^{-\zeta\omega_n t}}{\sqrt{1-\zeta^2}} \sin(\omega_d t + \beta) = 0.05 \quad (\text{或} \ 0.02) \tag{3-73}$$

在 $0 \sim t_s$ 时间范围内,满足式(3-73)的 t_s 值有多个,取最大的值即为调节时间 t_s。因正弦函数的存在, t_s 的值与阻尼比 ζ 之间的函数关系是不连续的。为简便起见,采用近似的方法,忽略正弦函数的影响,认为指数项衰减到 0.05 或 0.02 时,过渡过程即进行完毕,系统进入稳态过程。则有

$$\frac{e^{-\zeta\omega_n t}}{\sqrt{1-\zeta^2}} = 0.05 \quad (\text{或} \ 0.02) \tag{3-74}$$

当阻尼比 $0 < \zeta < 0.9$ 时,由式(3-74)求得调节时间

$$t_s = \frac{1}{\zeta\omega_n}\left[3 - \frac{1}{2}\ln(1-\zeta^2)\right] \approx \frac{3}{\zeta\omega_n} \quad (\text{取} \pm 5\% \text{误差带}) \tag{3-75}$$

$$t_s = \frac{1}{\zeta\omega_n}\left[4 - \frac{1}{2}\ln(1-\zeta^2)\right] \approx \frac{4}{\zeta\omega_n} \quad (\text{取} \pm 2\% \text{误差带}) \tag{3-76}$$

根据式(3-75)绘制调节时间 t_s 与阻尼比 ζ 的近似关系曲线,如图3-22所示。

若考虑正弦项,由于调节时间 t_s 与阻尼比 ζ 之间的复杂函数关系,只能用数值计算求取 $t_s = f(\zeta)$ 的函数曲线,或由单位阶跃响应通用曲线图3-18测量出与 $\pm 5\%$ 或 $\pm 2\%$ 允许误差相对应的调节时间 t_s。

由上述分析可知,调节时间 t_s 与 $\zeta\omega_n$ 近似成反比关系。在设计系统时,阻尼比 ζ 通常由设计要求的超调量 $\sigma\%$ 来确定,可见,调节时间 t_s 由 ω_n 决定,即在不改变系统超调量 $\sigma\%$ 的前提下,可以通过改变自然振荡角频率 ω_n 来改变系统调节时间 t_s。

综上可以看出,在不同的阻尼比时,二阶系统的暂态响应有很大区别,因此阻尼比 ζ 是二阶系统的重要参量。当 $\zeta=0$ 时,系统不能正常工作;当 $\zeta \geq 1$ 时,系统暂态响应进行得又太慢。所以,对于二阶系统来讲,欠阻尼 $0 < \zeta < 1$ 是最有实际意义的。

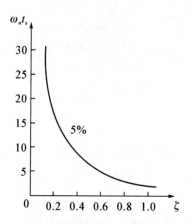

图 3－22　调节时间 t_s 与阻尼比 ζ 的近似关系曲线

例 3－2　有一二阶系统,其动态结构图如图 3－23 所示,已知 $T=0.1$ s,K 为开环增益,要求系统无超调,且调节时间 $t_s=1$ s,试计算 K 值。

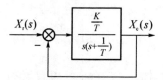

图 3－23　二阶系统结构图

解:根据题意,要求系统无超调,则应取 $\zeta \geqslant 1$,由图 3－23 可求出系统的闭环传递函数为:

$$W_B(s)=\frac{X_c(s)}{X_r(s)}=\frac{\dfrac{K}{T}}{s^2+\dfrac{1}{T}s+\dfrac{K}{T}}=\frac{10K}{s^2+10s+10K}$$

对照二阶系统传递函数的标准式

$$W_B(s)=\frac{X_c(s)}{X_r(s)}=\frac{\omega_n^2}{s^2+2\zeta\omega_n s+\omega_n^2}$$

可得关系式:

$$\omega_n^2=10K \qquad\qquad ①$$

$$2\zeta\omega_n=10 \qquad\qquad ②$$

又

$$t_s=\frac{1}{\omega_n}(6.45\zeta-1.7)=1 \qquad\qquad ③$$

求解上面①、②、③三个方程可得:

$$\zeta=1.02$$

$$\omega_n=4.88$$

$$K = 2.38$$

例 3-3　已知某单位负反馈系统的开环传递函数为：

$$W_K(s) = \frac{5K_A}{s(s+34.5)}$$

设系统的外加输入信号为单位阶跃函数，

（1）试计算 $K_A = 200$ 的情况下，系统响应的动态性能指标。

（2）如果 K_A 增大到 1 500 或减小到 10 时，对系统的响应有何影响？

解：系统为单位负反馈，其闭环传递函数为：

$$W_B(s) = \frac{5K_A}{s^2 + 34.5\,s + 5K_A}$$

对照二阶系统传递函数的标准式：

$$W_B(s) = \frac{X_c(s)}{X_r(s)} = \frac{\omega_n^2}{s^2 + 2\zeta\omega_n s + \omega_n^2}$$

可得：

$$\omega_n = \sqrt{5K_A}$$

$$\zeta = \frac{34.5}{2\sqrt{5K_A}}$$

（1）$K_A = 200$ 时，代入上式求得

$$\omega_n = 31.6 \text{ rad/s}$$

$$\zeta = 0.545$$

由于 $\zeta = 0.545 < 1$ 为欠阻尼，根据二阶欠阻尼系统动态性能指标估算式，算得：

$$t_p = \frac{\pi}{\omega_d} = \frac{\pi}{\omega_n\sqrt{1-\zeta^2}} = 0.12 \text{ s}$$

$$t_s = \frac{3}{\zeta\omega_n} = 0.17 \text{ s}$$

$$\sigma\% = e^{-\pi\zeta/\sqrt{1-\zeta^2}} \times 100\% = 13\%$$

（2）$K_A = 1 500$ 时，求得

$$\omega_n = 86.2 \text{ rad/s}$$

$$\zeta = 0.2$$

仍为欠阻尼状态，计算得：

$$t_p = \frac{\pi}{\omega_d} = \frac{\pi}{\omega_n\sqrt{1-\zeta^2}} = 0.037 \text{ s}$$

$$t_s = \frac{3}{\zeta\omega_n} = 0.17 \text{ s}$$

$$\sigma\% = \mathrm{e}^{-\pi\zeta/\sqrt{1-\zeta^2}} \times 100\% = 52.7\%$$

可以看出，K_A增大时ζ减小，使响应初始阶段加快，但超调量变大，平稳性明显下降，而调节时间基本不变。

当$K_A = 10$时，算得

$$\omega_n = 7.07 \text{ rad/s}$$

$$\zeta = 2.44$$

系统为过阻尼状态，则：

$$\sigma\% = 0$$

$$t_s = \frac{1}{\omega_n}(6.45\zeta - 1.7) = 1.99 \text{ s}$$

可见，K_A减小时ζ增大，系统响应超调量和峰值都不存在，但调节时间比上面两种情况大得多。尽管响应无超调，但过渡过程过于缓慢，这也是不希望的。

3.4　高阶系统的时域分析

用高阶微分方程描述的系统称为高阶系统。在控制工程中，几乎所有的系统都是高阶系统。用解微分方程的方法求得高阶系统的时间响应是很困难的。但在保证工程允许的精确度前提下，多数高阶系统可以用一些方法近似为一、二阶系统，这样前面研究的一、二阶系统的分析方法和结论基本适用。

通过前面一、二阶系统分析可以看出，系统的响应特性与闭环极点在复平面上的位置有关。一阶系统阶跃响应的快慢取决于该系统闭环极点$s = -\dfrac{1}{T}$到s平面虚轴的距离$\left|-\dfrac{1}{T}\right|$，如图3-24(a)所示。该距离越大，说明时间常数T越小，响应越快；距离越小，说明时间常数T越大，响应越慢。对于二阶系统而言，当$0 < \zeta < 1$时，闭环极点为一对具有负实部的共轭复数根，$s_{1,2} = -\zeta\omega_n \pm \mathrm{j}\omega_n\sqrt{1-\zeta^2}$，如图3-24(b)所示。二阶系统响应的快慢取决于闭环极点$s_{1,2}$到虚轴的距离$\left|-\zeta\omega_n\right|$，而振荡程度取决于角度$\beta = \arccos\zeta$。故对于高阶系统而言，由一个或两个闭环极点距离虚轴最近，这些极点在系统时间响应中将起主导作用，称为主导极点，主导极点可以是实数极点，也可以是复数极点，或者是它

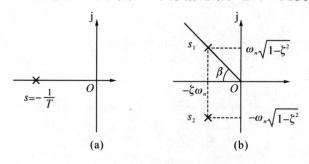

图3-24　一、二阶系统闭环极点分布图

们的组合。而其他的极点距离虚轴较远,它们在时间响应中相应的分量衰减较快,起次要作用,称为非主导极点,可以忽略。基于主导极点的概念,对高阶系统的时域分析即转化为分析相应的一、二阶系统。

在控制工程实践中,通常要求控制系统既具有较高的响应速度,又具有一定的阻尼程度,因此高阶系统的增益常常调整到使系统具有一对闭环共轭主导极点。这时,可以用二阶系统的动态性能指标来估算高阶系统的动态性能。

3.5　系统稳定性分析

稳定性是控制系统的重要性能,是系统正常工作的首要条件。控制系统在实际运行过程中,总会受到外界和内部一些因素的扰动,例如负载和能源的波动、参数的变化、环境条件的改变等。如果系统不稳定,就会在任何微小的扰动作用下偏离原来的平衡状态,并随时间的推移而发散。故分析系统的稳定性,提出保证系统稳定的措施,是控制系统设计的基本任务之一。

3.5.1　稳定的基本概念

为建立稳定性的概念,先看两个直观的例子。

图 3-25 是一个单摆的示意图。如果在外界扰动作用下,单摆由原来的平衡点"a"偏离到新的位置"b",当外力消失后,单摆在重力的作用下,由位置"b"回到位置"a",又由于惯性的作用,将继续摆动到位置"c"。此后,单摆将会以"a"为中心反复摆动振荡,经过一定时间后,单摆会重新回到原来的平衡点"a"处。就平衡点"a"而言,在扰动作用下,单摆暂时偏离了它,但当扰动消失后,经过一定时间,单摆还可以回到这个平衡点上,则平衡点"a"称为稳定的平衡点。

图 3-26 是一个倒立摆的示意图。在外力 F 的作用下,一旦倒立摆离开了平衡点"d"后,即使外力 F 消失,无论经过多长时间,倒立摆都不会回到原来的平衡点"d",称平衡点"d"为不稳定的平衡点。

图 3-25　单摆的平衡示意图　　　　图 3-26　倒立摆的平衡示意图

可以将上述两个实例的稳定概念推广到控制系统,控制系统的稳定性反映在外力消失后系统的运动特性上。假设系统具有一个平衡工作状态,如果系统受扰,偏离了平衡状态,且当扰动消失后,系统又能逐渐恢复到原状态,则称系统是稳定的。反之,如果系统不能恢复,甚至响应具有发散性,则称系统是不稳定的,如一些设备的尖叫、飞转、超稳、超压等都为不稳定的现象,这在实际工作中是不允许的。

线性定常系统的稳定性是扰动消失后系统自身的恢复能力,是系统的一种固有特性,这种固有的稳定性只取决于系统的结构和参数,与系统的输入信号及初始状态无关。

3.5.2 稳定的数学条件

一个以 $x_r(t)$ 作为输入，$x_c(t)$ 作为输出的线性定常系统的微分方程的一般式可表示为

$$
a_0 \frac{\mathrm{d}^n x_c(t)}{\mathrm{d}t^n} + a_1 \frac{\mathrm{d}^{n-1} x_c(t)}{\mathrm{d}t^{n-1}} + \cdots + a_{n-1} \frac{\mathrm{d}x_c(t)}{\mathrm{d}t} + a_n x_c(t) \tag{3-77}
$$

$$
= b_0 \frac{\mathrm{d}^m x_r(t)}{\mathrm{d}t^m} + b_1 \frac{\mathrm{d}^{m-1} x_r(t)}{\mathrm{d}t^{m-1}} + \cdots + b_{m-1} \frac{\mathrm{d}x_r(t)}{\mathrm{d}t} + b_m x_r(t)
$$

对式(3-77)进行非零初始条件下的拉氏变换得

$$
(a_0 s^n + a_1 s^{n-1} + \cdots + a_{n-1} s + a_n) X_c(s) = (b_0 s^m + b_1 s^{m-1} + \cdots + b_{m-1} s + b_m) X_r(s) + M_0(s) \tag{3-78}
$$

令 $D(s) = a_0 s^n + a_1 s^{n-1} + \cdots + a_{n-1} s + a_n$ 为系统的特征式，$M(s) = b_0 s^m + b_1 s^{m-1} + \cdots + b_{m-1} s + b_m$ 为系统的输入端算子式，$M_0(s)$ 为与系统初状态有关的多项式。则式(3-77)可简写为

$$
D(s) X_c(s) = M(s) X_r(s) + M_0(s) \tag{3-79}
$$

故输出 $X_c(s)$ 可表示为

$$
X_c(s) = \frac{M(s)}{D(s)} X_r(s) + \frac{M_0(s)}{D(s)} \tag{3-80}
$$

设系统特征方程 $D(s) = 0$ 具有 n 个不同的特征根 $s_i (i = 1, 2, 3, \cdots, n)$，则 $D(s)$ 可表示为：

$$
D(s) = a_0 \prod_{i=1}^{n} (s - s_i)
$$

假定输入 $X_r(s)$ 具有 l 个互异极点 $s_{rj} (j = 1, 2, 3, \cdots, l)$。

将式(3-80)展开成部分分式，有

$$
X_c(s) = \sum_{i=1}^{n} \frac{A_i}{s - s_i} + \sum_{j=1}^{l} \frac{B_j}{s - s_{rj}} + \sum_{i=1}^{n} \frac{C_i}{s - s_i} \tag{3-81}
$$

式(3-81)中，A_i、B_j、C_i 均为待定系数。

对式(3-81)进行拉氏反变换，得响应表达式

$$
x_c(t) = \sum_{i=1}^{n} A_i \mathrm{e}^{s_i t} + \sum_{j=1}^{l} B_j \mathrm{e}^{s_{rj} t} + \sum_{i=1}^{n} C_i \mathrm{e}^{s_i t} \tag{3-82}
$$

式(3-82)中第二项为稳态分量，其变化规律取决于输入作用，即微分方程的特解。第一、三项为暂态分量，即微分方程的通解，运动规律取决于特征根 $s_i (i = 1, 2, 3, \cdots, n)$，即由系统结构和参数决定。暂态分量决定系统去掉扰动后的恢复能力。根据稳定的概念可知，要使线性定常系统稳定，只需满足暂态分量随时间推移而渐近为零即可，即

$$
\lim_{t \to \infty} \sum_{i=1}^{n} (A_i + C_i) \mathrm{e}^{s_i t} = 0 \tag{3-83}
$$

A_i、C_i 为常值，根据式(3-83)则有

$$
\lim_{t \to \infty} \mathrm{e}^{s_i t} = 0 \tag{3-84}
$$

式(3-84)表明,系统的稳定性仅取决于特征根 s_i $(i=1,2,3,\cdots,n)$ 的性质。

下面分类分析特征根 s_i 的性质对系统稳定性产生的影响。

1. s_i 为实根

即 $s_i=\sigma_i$,有

$$\begin{cases} \sigma_i<0, \lim\limits_{t\to\infty}e^{s_it}=0 \\ \sigma_i=0, \lim\limits_{t\to\infty}e^{s_it}=1 \\ \sigma_i>0, \lim\limits_{t\to\infty}e^{s_it}=\infty \end{cases} \qquad (3-85)$$

相应的时间响应曲线如图 3-27 所示。

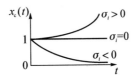

图 3-27　s_i 为实根时系统的稳定性

由式(3-85)和图 3-27 可见,当系统所有的实根都为负数时,系统才稳定。哪怕有一个特征根为正实根,响应的暂态分量就会发散,系统就不稳定。而当系统有零根,其他根都为负根时,暂态分量也不趋于零,处于临界状态,严格地说,也属于不稳定状态。

2. s_i 为共轭复数根

即 $s_i=\sigma_i\pm j\omega_i$,则式(3-83)可写为

$$\lim\limits_{t\to\infty}[(A_i+C_i)e^{(\sigma_i+j\omega_i)t}+(A_{i+1}+C_{i+1})e^{(\sigma_i+j\omega_i)t}]$$
$$=\lim\limits_{t\to\infty}e^{\sigma_it}[(A_i+C_i)e^{j\omega_it}+(A_{i+1}+C_{i+1})e^{-j\omega_it}] \qquad (3-86)$$
$$=\lim\limits_{t\to\infty}e^{\sigma_it}A\sin(\omega_it+\varphi_i)$$

根据不同的 σ_i,对式(3-86)进行分析,有

$$\begin{cases} \sigma_i<0, \lim\limits_{t\to\infty}e^{\sigma_it}A\sin(\omega_it+\varphi_i)=0 \\ \sigma_i=0, \lim\limits_{t\to\infty}e^{\sigma_it}A\sin(\omega_it+\varphi_i)=A\sin(\omega_it+\varphi_i) \\ \sigma_i>0, \lim\limits_{t\to\infty}e^{\sigma_it}A\sin(\omega_it+\varphi_i)=\infty \end{cases} \qquad (3-87)$$

相应的时间响应曲线如图 3-28 所示。

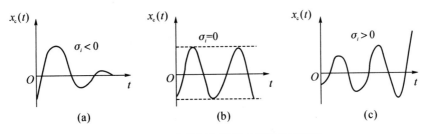

图 3-28　s_i 为共轭复数根时系统的稳定性

由式(3-87)和图3-28可见,当特征根 s_i 为具有负实部的共轭复数根时,系统稳定。当复数根实部为正时,暂态分量 $e^{\sigma_i t}A\sin(\omega_i t+\varphi_i)$ 呈振荡发散,系统不稳定。而当复数根实部为0,即特征根 s_i 为纯虚根时,相应的暂态分量等幅振荡,属于临界情况,严格来说,也是不稳定的。

通过上述分析系统特征根 $s_i(i=1,2,3,\cdots,n)$ 对系统稳定性的影响,可得出系统稳定的充分必要条件为:系统所有特征根 s_i 具有负实部,或者说所有特征根 s_i 位于 s 平面虚轴之左,即:

$$\mathrm{Re}[s_i]<0 \qquad (3-88)$$

而 $\mathrm{Re}[s_i]>0$,系统不稳定;$\mathrm{Re}[s_i]=0$,系统临界稳定。实际上临界稳定状态很难维持,并极有可能导致系统不稳定,因此,临界稳定也可看做是不稳定状态。

3.5.3 代数稳定判据

根据稳定条件 $\mathrm{Re}[s_i]<0$ 判断系统的稳定性,需要解出系统全部的特征根。对于高阶系统,求根的工作量很大。所以一般不用直接求特征根的方法,而用一种间接判别系统特征根是否具有全部负实部的方法,这种方法称为代数稳定判据。

代数稳定判据就是一种利用特征根的系数,运用代数运算来确定特征根在平面中的位置,并判断系统稳定性的方法。下面介绍赫尔维茨(Hurwitz)和劳斯(Routh)稳定判据。

1. 赫尔维茨(Hurwitz)判据

设 n 阶系统的特征方程为

$$D(s)=a_0 s^n+a_1 s^{n-1}+\cdots+a_{n-1}s+a_n=0$$

则系统稳定的充分必要条件为:

(1) 特征多项式中各项系数大于零,即

$$a_i>0(i=1,2,\cdots,n)$$

(2) 在由特征多项式各项系数构造的 n 阶行列式 D_n 中,各奇数子行列式或各偶数子行列式大于零,即:

$$D_1>0,D_3>0,D_5>0,\cdots$$

或

$$D_2>0,D_4>0,D_6>0,\cdots$$

其中

$$D_1=a_1,$$
$$D_2=\begin{vmatrix}a_1 & a_3\\ a_0 & a_2\end{vmatrix},$$
$$D_3=\begin{vmatrix}a_1 & a_3 & a_5\\ a_0 & a_2 & a_4\\ 0 & a_1 & a_3\end{vmatrix},\cdots,$$

$$D_n = \begin{vmatrix} a_1 & a_3 & a_5 & \cdots & a_{2n-1} \\ a_0 & a_2 & a_4 & \cdots & a_{2n-2} \\ 0 & a_1 & a_3 & \cdots & a_{2n-3} \\ 0 & a_0 & a_2 & \cdots & a_{2n-4} \\ 0 & 0 & a_1 & \cdots & a_{2n-5} \\ \cdots & \cdots & \cdots & & \cdots \\ 0 & 0 & 0 & \cdots & a_n \end{vmatrix} \qquad (3-89)$$

例 3-4 系统特征方程为:

$$s^3 + 4s^2 + 60s + 2 = 0$$

试判别系统的稳定性。

解:(1) 由系统特征方程可得

$$a_0 = 1 > 0; a_1 = 4 > 0; a_2 = 60 > 0; a_3 = 2 > 0$$

(2) 由特征多项式各项系数构造的行列式

$$D_1 = a_1 = 4 > 0;$$

$$D_2 = \begin{vmatrix} a_1 & a_3 \\ a_0 & a_2 \end{vmatrix} = \begin{vmatrix} 4 & 2 \\ 1 & 60 \end{vmatrix} = 238 > 0$$

满足各偶数子行列式大于零,系统稳定。

例 3-5 系统特征方程为:

$$3s^4 + 10s^3 + 5s^2 + s + 2 = 0$$

试判别系统的稳定性。

解:(1) 由系统特征方程可得:

$$D_1 = a_1 = 10 > 0$$

(2) 由特征多项式各项系数构造的行列式

$$D_3 = \begin{vmatrix} a_1 & a_3 & a_5 \\ a_0 & a_2 & a_4 \\ 0 & a_1 & a_3 \end{vmatrix} = \begin{vmatrix} 10 & 1 & 0 \\ 3 & 5 & 2 \\ 0 & 10 & 1 \end{vmatrix} = -153 < 0$$

不满足各奇数子行列式大于零,系统不稳定。

例 3-6 某单位负反馈系统的开环传递函数为:

$$W_K(s) = \frac{K}{s(0.1s+1)(0.25s+1)}$$

求使闭环系统稳定的 K 的可调范围。

解:首先写出系统的闭环特征方程:

$$s(0.1s+1)(0.25s+1) + K = 0$$

展开为：

$$0.025s^3 + 0.35s^2 + s + K = 0$$

（1）根据系统稳定的条件，应有

$$a_0 = 0.025 > 0; a_1 = 0.35 > 0; a_2 = 1 > 0; a_3 = K > 0$$

（2）应有 $D_2 > 0$

$$D_2 = \begin{vmatrix} a_1 & a_3 \\ a_0 & a_2 \end{vmatrix} = \begin{vmatrix} 0.35 & K \\ 0.025 & 1 \end{vmatrix} = 0.35 - 0.025K > 0$$

得

$$K < 14$$

所以，使闭环系统稳定的 K 的可调范围为 $0 < K < 14$。

由例 3-6 可知，加大系统的开环增益对系统的稳定性不利。

2. 劳斯（Routh）判据

设线性系统的特征方程为：

$$D(s) = a_0 s^n + a_1 s^{n-1} + \cdots + a_{n-1} s + a_n = 0$$

劳斯表中的各项系数如表 3-2 所示。则线性系统稳定的充分必要条件为：劳斯表中第一列所有元素符号相同（大于零）。如果劳斯阵列中第一列出现负数，则第一列各项符号改变的次数表明系统特征方程具有正实部根的数目。

表 3-2　劳斯表

s^n	a_0	a_2	a_4	a_6	$\cdots$
s^{n-1}	a_1	a_3	a_5	a_7	$\cdots$
s^{n-2}	$c_{13} = \dfrac{a_1 a_2 - a_0 a_3}{a_1}$	$c_{23} = \dfrac{a_1 a_4 - a_0 a_5}{a_1}$	$c_{33} = \dfrac{a_1 a_6 - a_0 a_7}{a_1}$		
s^{n-3}	$c_{14} = \dfrac{c_{13} a_3 - a_1 c_{23}}{c_{13}}$	$c_{24} = \dfrac{c_{13} a_5 - c_{33} a_1}{c_{13}}$	$\cdots$		
$\vdots$	$\vdots$	$\vdots$	$\vdots$		
s^2	$c_{1,n-1}$	$c_{2,n-1}$			
s^1	$c_{1,n}$				
s^0	$c_{1,n+1} = a_n$				

例 3-7　设系统特征方程为

$$D(s) = s^4 + 3s^3 + 3s^2 + 2s + 1 = 0$$

试用劳斯判据判断系统的稳定性，并确定正实部根的数目。

解：由系统特征方程系数列写劳斯表：

s^4	1	3	1
s^3	3	2	
s^2	$\dfrac{3\times3-1\times2}{3}=\dfrac{7}{3}$	$\dfrac{3\times1-1\times0}{3}=1$	
s^1	$\dfrac{\dfrac{7}{3}\times2-3\times1}{\dfrac{7}{3}}=\dfrac{5}{7}$		
s^0	1		

因为劳斯表第一列所有元素均大于 0,故系统是稳定的,所有特征根均具有负实部,故系统正实部根的数目为 0。

例 3 - 8　设系统特征方程为

$$D(s)=2s^4+10s^3+3s^2+5s+2=0$$

试用劳斯判据确定正实部根的数目。

解:由系统特征方程系数列写劳斯表:

s^4	2	3	2
s^3	10	5	
s^2	$\dfrac{10\times3-2\times5}{10}=2$	$\dfrac{10\times2-2\times0}{10}=2$	
s^1	$\dfrac{2\times5-10\times2}{2}=-5$		
s^0	2		

因为劳斯表第一列元素不全大于 0,故系统不稳定。由于第一列元素符号变化两次,故有两个特征根具有正实部。

例 3 - 9　设系统特征方程为

$$D(s)=s^4+3s^3+s^2+3s+1=0$$

试用劳斯判据确定正实部根的数目。

解:由系统特征方程系数列写劳斯表:

s^4	1	1	1
s^3	3	3	
s^2	$\dfrac{3\times1-1\times3}{3}=0$	$\dfrac{3\times1-1\times0}{3}=1$	
s^1	∞		
s^0	1		

由劳斯表可见,因为第三行第一个元素为 0,所以第四行的第一个元素为∞,为避免这种情况,用一个无穷小的正数 ε 代替第三行的第一个元素 0,重新列写劳斯表:

s^4	1	1	1
s^3	3	3	
s^2	$\varepsilon>0$	$\dfrac{3\times1-1\times0}{3}=1$	
s^1	$\dfrac{3\varepsilon-3}{\varepsilon}=3-\dfrac{3}{\varepsilon}<0$		
s^0	1		

新的劳斯表中,第一列所有元素不全大于 0,故系统不稳定,且第一列元素符号改变两次,故有两个特征根具有正实部。

例 3-10 设系统特征方程为

$$D(s)=s^6+2s^5+8s^4+12s^3+20s^2+16s+16=0$$

试用劳斯判据确定正实部根的数目。

解:由系统特征方程系数列写劳斯表:

s^6	1	8	20	16
s^5	2	12	16	
s^4	2	12	16	
s^3	0	0		

劳斯表中第四行元素出现全 0 行,用其上一行,即 s^4 行系数构造辅助方程如下:

$$P(s)=2s^4+12s^2+16=0$$

取辅助方程对变量 s 的导数,得:

$$\frac{\mathrm{d}P(s)}{\mathrm{d}s}=8s^3+24s=0$$

用上述方程的系数替换原劳斯表中的全 0 行,然后继续按照劳斯表列写规则计算下去,得到新的劳斯表:

s^6	1	8	20	16
s^5	2	12	16	
s^4	2	12	16	
s^3	8	24		
s^2	6	16		
s^1	$\dfrac{8}{3}$			
s^0	16			

新的劳斯表中第一列元素全大于 0，所以系统没有正实部根。但由辅助方程 $P(s)=2s^4+12s^2+16=0$ 可以求得对称于 s 平面原点的两对纯虚根为 $\pm j\sqrt{2}$ 和 $\pm j2$。

例 3-11 设系统特征方程为

$$D(s)=s^5+2s^4+s+2=0$$

试用劳斯判据确定正实部根的数目。

解：由系统特征方程系数列写劳斯表：

s^5	1	0	1
s^4	2	0	2
s^3	0	0	

劳斯表中第三行元素出现全 0 行，用其上一行，即 s^4 行系数构造辅助方程如下：

$$P(s)=2s^4+2=0$$

取辅助方程对变量 s 的导数，得：

$$\frac{\mathrm{d}P(s)}{\mathrm{d}s}=8s^3=0$$

用上述方程的系数替换原劳斯表中的全 0 行，然后继续按照劳斯表列写规则计算下去，得到新的劳斯表：

s^5	1	0	1
s^4	2	0	2
s^3	8	0	
s^2	0	2	
s^1	∞		
s^0	2		

由新的劳斯表可见，因为第四行第一个元素为 0，所以第五行的第一个元素为 ∞，为避免这种情况，用一个无穷小的正数 ε 代替第四行的第一个元素 0，重新列写劳斯表：

s^5	1	0	1
s^4	2	0	2
s^3	8	0	
s^2	$\varepsilon>0$	2	
s^1	$-\dfrac{16}{\varepsilon}<0$		
s^0	2		

上述劳斯表中第一列元素符号变化两次，故有两个根具有正实部。由辅助方程可以

求得对称于 s 平面原点的四个根为 $\dfrac{\sqrt{2}}{2}\pm\mathrm{j}\dfrac{\sqrt{2}}{2}$ 和 $-\dfrac{\sqrt{2}}{2}\pm\mathrm{j}\dfrac{\sqrt{2}}{2}$。

3. 相对稳定性和稳定裕度

赫尔维茨和劳斯判据主要用于判断系统是否稳定和确定系统参数的允许范围,不能给出系统稳定的程度,即不能表明特征根 s_i 距离虚轴的远近。若一个控制系统负实部特征根紧靠虚轴,尽管是在 s 平面左半平面,满足稳定的条件,但动态过程将响应缓慢,有时超调过大,甚至会由于内部参数发生微小的变化,使得特征根 s_i 转移到 s 平面右半平面,导致系统不稳定。

为确保系统具有一定的稳定裕度,并且具有较好的动态性能,希望特征根 s_i 位于 s 平面左半平面,且与虚轴有一定距离 σ,称之为相对稳定性或稳定裕度。如图 $3-29$ 中,σ 表示系统的相对稳定性和稳定裕度。为能够运用上述判据,引入 p 平面的概念,用新的变量 $P=s+\sigma$ 代入原系统的特征方程,即将 s 平面的虚轴左移一个值 σ。因此判断以 P 为变量的系统稳定性,相当于判断原系统的相对稳定性,若满足稳定条件,说明系统不但稳定,而且所有特征根 s_i 全部位于 $-\sigma$ 垂线的左边。

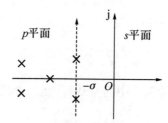

图 3-29　相对稳定性

例 3-12　在例 $3-6$ 中,要求闭环系统的极点全部位于 $s=-1$ 垂线的左边,试求开环增益 K 的取值范围。

解:系统闭环特征方程为:

$$0.025s^3+0.35s^2+s+K=0$$

令 $s=P-1$ 代入特征方程,得

$$0.025(P-1)^3+0.35(P-1)^2+(P-1)+K=0$$

整理上式,有

$$0.025P^3+0.275P^2+0.375P+K-0.675=0$$

列写劳斯表如下:

P^3	0.025	0.375
P^2	0.275	$K-0.675$
P^1	$\dfrac{4.8-K}{11}$	
P^0	$K-0.675$	

要求闭环系统的极点全部位于 $s=-1$ 垂线的左边,需满足

$$\begin{cases} \dfrac{4.8-K}{11}>0 \\ K-0.675>0 \end{cases}$$

解得

$$0.675<K<4.8$$

3.6　系统稳态误差分析

稳态误差是衡量控制系统最终精度的重要指标。上一小节分析的系统稳定性只取决于系统的结构参数,与系统的输入信号及初始状态无关。而系统稳态误差既与系统的结构参数有关,又和系统的输入信号密切相关。

3.6.1　误差与稳态误差

1. 误差

系统误差用 $e(t)$ 表示,泛指期望值与实际值之差。若典型反馈控制系统的结构图如图 3-30 所示,$x_r(t)$ 为期望值的输入;$x_d(t)$ 为扰动信号;$x_c(t)$ 为实际输出;$x_f(t)$ 相当于实际输出 $x_c(t)$ 的测量值,$W_f(s)$ 为反馈通道传递函数,即检测元件的传递函数,则系统误差的定义有两种:

(1) 按照输出端定义

$$e(t)=x_r(t)-x_c(t) \tag{3-90}$$

(2) 按照输入端定义

$$e(t)=x_r(t)-x_f(t) \tag{3-91}$$

若为单位负反馈,即 $W_f(s)=1$,则

$$x_f(t)=x_c(t)$$

上述两种定义统一为式(3-90)。误差 $e(t)$ 也称为系统的误差响应,它反映了系统跟踪输入信号 $x_r(t)$ 和抑制扰动信号 $x_d(t)$ 的能力和精度。

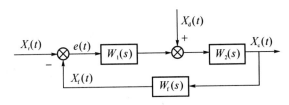

图 3-30　典型反馈控制系统结构图

误差响应 $e(t)$ 的求解与系统输出 $x_c(t)$ 一样,对于高阶系统是比较困难的。而考核控制系统误差响应的暂态过程实际意义不大,主要是考察控制过程平稳下来以后的误差,也即误差响应的瞬态分量消失后的稳态误差,问题就简化了。

2. 稳态误差

稳态误差是衡量系统最终控制精度的重要性能指标。稳态误差定义为稳定系统误差的终值,即:

$$e_{ss} = \lim_{t \to \infty} e(t) \qquad (3-92)$$

若有理函数 $sE(s)$ 除在原点处有唯一的极点外,在 s 左半平面及虚轴上解析,即 $sE(s)$ 的极点均位于 s 左半平面(包括坐标原点),则可根据拉普拉斯变换的终值定理,求系统的稳态误差:

$$e_{ss} = \lim_{t \to \infty} e(t) = \lim_{s \to 0} sE(s) \qquad (3-93)$$

由式(3-93)计算出的稳态误差是误差信号稳态分量在 t 趋于无穷时的数值,故也称为终值误差,它不能反映 e_{ss} 随时间 t 变化的规律,具有一定的局限性。

3.6.2 稳态误差计算

如图 3-30 所示系统,如误差定义为 $e(t) = x_r(t) - x_f(t)$,则

$$E(s) = X_r(s) - X_f(s)$$

而 $E(s)$ 又可表示为

$$E(s) = W_{er}(s) \cdot X_r(s) + W_{ed}(s) \cdot X_d(s) \qquad (3-94)$$

式(3-94)中,$W_{er}(s)$ 为系统期望输入信号作用下的误差传递函数;$W_{ed}(s)$ 为系统扰动信号作用下的误差传递函数。由前面第二章的分析可得:

$$W_{er}(s) = \frac{E(s)}{X_r(s)} = \frac{1}{1 + W_1(s)W_2(s)W_f(s)} \qquad (3-95)$$

$$W_{ed}(s) = \frac{E(s)}{X_d(s)} = \frac{-W_2(s)W_f(s)}{1 + W_1(s)W_2(s)W_f(s)} \qquad (3-96)$$

故稳态误差计算式为:

$$
\begin{aligned}
e_{ss} &= \lim_{s \to 0} sE(s) = \lim_{s \to 0} s[W_{er}(s) \cdot X_r(s) + W_{ed}(s) \cdot X_d(s)] \\
&= \lim_{s \to 0} s\left[\frac{1}{1 + W_1(s)W_2(s)W_f(s)}\right]X_r(s) + \lim_{s \to 0} s\left[\frac{-W_2(s)W_f(s)}{1 + W_1(s)W_2(s)W_f(s)}\right]X_d(s) \\
&= e_{ssr} + e_{ssd}
\end{aligned}
\qquad (3-97)
$$

式(3-97)中,e_{ssr} 为期望输入 $x_r(t)$ 引起的系统稳态误差;e_{ssd} 为干扰 $x_d(t)$ 引起的系统稳态误差。

可以看出,误差传递函数 $W_{er}(s)$ 和 $W_{ed}(s)$ 的分母与系统闭环传递函数分母是相同的,都是系统闭环特征多项式,故用终值定理的条件实际上包含了系统必须稳定。这样的要求和物理概念是一致的,对于不稳定的系统,系统无法进入稳态,求稳态误差也是毫无意义的。

故式(3-97)必须是在系统稳定的条件下才成立,系统的稳态误差不仅与系统传递函数,即系统的结构和参数有关,而且和外作用 $x_r(t)$、$x_d(t)$ 及其形式有关,分析时需指明。

例 3-13　系统结构如图 3-31 所示,试求系统在单位斜坡作用下的稳态误差 e_{ss}。

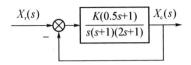

图 3-31　系统结构图

解:(1) 判别系统稳定性

由系统结构图可求得系统特征方程为:

$$D(s)=s(s+1)(2s+1)+K(0.5s+1)=2s^3+3s^2+(1+0.5K)s+K=0$$

根据代数稳定判据求 K 值范围:

①由各项系数大于零,得:

$$K>0;K>-2$$

②由

$$D_2=a_1a_2-a_0a_3=3(1+0.5K)-2K>0$$

得

$$K<6$$

故系统稳定条件为 $0<K<6$,只有当 K 在此域中取值,计算稳态误差才有意义。

(2) 求 $E(s)$

由图 3-31 可知:

$$E(s)=W_{er}(s)X_r(s)=\frac{s(s+1)(2s+1)}{s(s+1)(2s+1)+K(0.5s+1)}X_r(s)$$

由于 $x_r(t)=t$,则 $X_r(s)=\dfrac{1}{s^2}$,代入上式得:

$$E(s)=\frac{s(s+1)(2s+1)}{s(s+1)(2s+1)+K(0.5s+1)}\frac{1}{s^2}$$

(3) 求稳态误差 e_{ss}

在 K 的稳定域中,系统稳定,$E(s)$ 的极点均在 s 平面的左半面,符合终值定理应用条件,故稳态误差为:

$$e_{ss}=\lim_{s\to 0}sE(s)=\lim_{s\to 0}s\left[\frac{s(s+1)(2s+1)}{s(s+1)(2s+1)+K(0.5s+1)}\right]\frac{1}{s^2}=\frac{1}{K}$$

结果表明,稳态误差与开环增益 K 成反比,由此看出,系统的稳定性与稳态精度对系统的要求是相互矛盾的。

3.6.3　系统型别

由于稳态误差与系统结构及输入信号的形式有关,对于一个给定的稳定的系统,当输入信号形式一定时,系统是否存在误差就取决于开环传递函数描述的系统结构。期望

输入 $x_r(t)$ 作用下的系统典型结构,如图 3-32 所示。

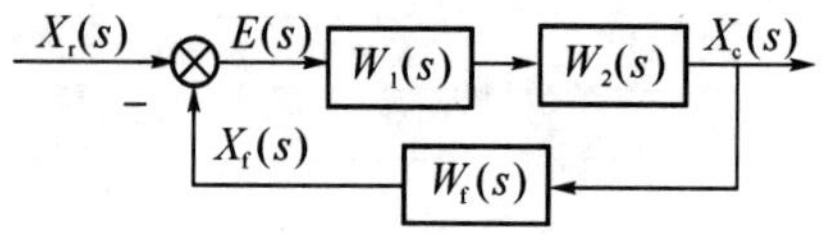

图 3-32　$x_r(t)$ 作用下的系统典型结构图

设系统开环传递函数的典型形式为:

$$W_K(s) = W_1(s)W_2(s)W_f(s) = \frac{K\prod_{i=1}^{m_1}(\tau_i s + 1)\prod_{k=1}^{m_2}(\tau_k^2 s^2 + 2\zeta_k\tau_k s + 1)}{s^v\prod_{j=1}^{n_1}(\tau_j s + 1)\prod_{l=1}^{n_2}(\tau_l^2 s^2 + 2\zeta_l\tau_l s + 1)} \quad (3-98)$$

若令

$$W_0(s) = \frac{\prod_{i=1}^{m_1}(\tau_i s + 1)\prod_{k=1}^{m_2}(\tau_k^2 s^2 + 2\zeta_k\tau_k s + 1)}{\prod_{j=1}^{n_1}(\tau_j s + 1)\prod_{l=1}^{n_2}(\tau_l^2 s^2 + 2\zeta_l\tau_l s + 1)} \quad (3-99)$$

则式(3-98)可表示为:

$$W_K(s) = \frac{K}{s^v}W_0(s) \quad (3-100)$$

式(3-98)中,K 为开环增益;v 为积分环节的个数。

控制系统按 v 的值不同分为:

(1) $v=0$ 的系统,称为 0 型系统;

(2) $v=1$ 的系统,称为 Ⅰ 型系统;

(3) $v=2$ 的系统,称为 Ⅱ 型系统。

v 的大小反映了系统跟踪阶跃信号、斜坡信号、等加速输入信号的能力。系统无差度越高,稳态误差越小,但稳定性变差。实际工业控制系统,Ⅰ、Ⅱ 型系统较多,高于 Ⅲ 型系统由于稳定性极为不利,而很少采用。

3.6.4　输入信号 $x_r(t)$ 作用下的稳态误差与静态误差系数

由图 3-32 可知,系统稳态误差:

$$\begin{aligned}
e_{ss} &= \lim_{s\to 0}sE(s) = \lim_{s\to 0}sW_{er}(s)X_r(s) \\
&= \lim_{s\to 0}s\frac{1}{1+W_1(s)W_2(s)W_f(s)}X_r(s) \\
&= \lim_{s\to 0}s\frac{1}{1+W_K(s)}X_r(s)
\end{aligned} \quad (3-101)$$

将式(3-100)代入式(3-101)得

$$e_{ss} = \lim_{s\to 0}\frac{s}{1+\dfrac{K}{s^v}W_0(s)}X_r(s) = \lim_{s\to 0}\frac{s^{v+1}X_r(s)}{s^v + KW_0(s)}$$

$$= \frac{\lim\limits_{s \to 0} s^{v+1} X_r(s)}{\lim\limits_{s \to 0} s^v + \lim\limits_{s \to 0} KW_0(s)} = \frac{\lim\limits_{s \to 0} s^{v+1} X_r(s)}{\lim\limits_{s \to 0} s^v + K} \qquad (3-102)$$

式(3-102)表明,系统稳态误差除与外作用 $x_r(t)$ 有关外,还与系统的开环增益及积分环节的个数 v 值有关。

下面讨论不同系统在不同的输入信号作用下产生的稳态误差。由于实际输入信号多为阶跃信号、速度信号、加速度信号以及它们的组合,因此只考虑系统分别在阶跃信号、速度信号和加速度信号作用下的稳态误差计算问题。

1. 阶跃输入下的稳态误差与静态位置误差系数

设阶跃输入为

$$x_r(t) = A \cdot 1(t) \qquad t \geqslant 0$$

则

$$X_r(s) = \frac{A}{s}$$

由式(3-101),得

$$\begin{aligned}
e_{ss} &= \lim\limits_{s \to 0} sE(s) = \lim\limits_{s \to 0} s\, \frac{1}{1+W_K(s)} X_r(s) \\
&= \lim\limits_{s \to 0} s\, \frac{1}{1+W_K(s)} \frac{A}{s} = \frac{A}{1+\lim\limits_{s \to 0} W_K(s)} \qquad (3-103)
\end{aligned}$$

将式(3-103)中的极限式 $\lim\limits_{s \to 0} W_K(s)$ 定义为系统静态位置误差系数 K_P,即

$$K_P = \lim\limits_{s \to 0} W_K(s) \qquad (3-104)$$

于是,稳态误差 e_{ss} 可由静态位置误差系数 K_P 表示为

$$e_{ss} = \frac{A}{1+K_P} \qquad (3-105)$$

由式(3-100)可知各型别系统的静态位置误差系数为

$$K_P = \begin{cases} K & v=0 \\ \infty & v \geqslant 1 \end{cases} \qquad (3-106)$$

式(3-105)和式(3-106)表明,对于 0 型系统,开环增益 K 越大,阶跃输入作用下的系统稳态误差就越小。若要求系统对于阶跃输入作用稳态误差为 0,则必须选择 Ⅰ 型或 Ⅰ 型以上的系统,即开环传递函数 $W_K(s)$ 中应至少配置一个积分环节,$v \geqslant 1$。阶跃输入作用下不同型别系统的稳态误差,如图 3-33 所示。

稳态误差为 0 的系统称为无差系统,稳态误差为非 0 有限值的系统称为有差系统。通常将系统在阶跃输入作用下的稳态误差称为静差,而将 0 型系统称为有静差系统或零阶无差度系统,Ⅰ 型系统也称为一阶无差度系统,Ⅱ 型系统也称为二阶无差度系统。

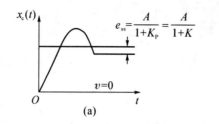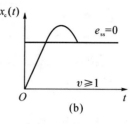

图 3‑33　阶跃输入作用下不同型别系统的稳态误差

2. 斜坡(速度)输入下的稳态误差与静态速度误差系数

设斜坡(速度)输入为

$$x_r(t) = Bt \quad t \geqslant 0$$

则

$$X_r(s) = \frac{B}{s^2}$$

由式(3‑101),得

$$e_{ss} = \lim_{s \to 0} sE(s) = \lim_{s \to 0} s\frac{1}{1 + W_K(s)}X_r(s)$$

$$= \lim_{s \to 0} s\frac{1}{1 + W_K(s)}\frac{B}{s^2} = \frac{B}{\lim_{s \to 0} sW_K(s)} \quad (3\text{-}107)$$

将式(3‑107)中的极限式 $\lim\limits_{s \to 0} sW_K(s)$ 定义为系统静态速度误差系数 K_v,即

$$K_v = \lim_{s \to 0} sW_K(s) \quad (3\text{-}108)$$

于是,稳态误差 e_{ss} 可由静态速度误差系数 K_v 表示为

$$e_{ss} = \frac{B}{K_v} \quad (3\text{-}109)$$

由式(3‑100)可知各型别系统的静态速度误差系数为

$$K_v = \begin{cases} 0 & v=0 \\ K & v=1 \\ \infty & v \geqslant 2 \end{cases} \quad (3\text{-}110)$$

式(3‑109)和式(3‑110)表明,系统消除斜坡作用下的稳态误差,开环传递函数 $W_K(s)$ 中应至少配置两个积分环节,即 $v \geqslant 2$。如果 $v=1$,则稳态误差为常值。如果没有积分环节,即 $v=0$,稳态误差趋于无穷。斜坡输入作用下不同型别系统的稳态误差,如图 3‑34 所示。

0 型系统跟踪斜坡输入的精度为零,稳态误差为无穷;Ⅰ型系统的静态速度误差系数为常值 K,加大增益可以提高精度,减小稳态误差;而要获得更高精度,可采用Ⅱ型系统。

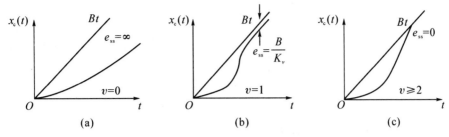

图 3-34 斜坡输入作用下不同型别系统的稳态误差

3. 抛物线(加速度)输入下的稳态误差与静态加速度误差系数

设抛物线(加速度)输入为

$$x_r(t) = \frac{1}{2}Ct^2 \quad t \geqslant 0$$

则

$$X_r(s) = \frac{C}{s^3}$$

由式(3-101),得

$$
\begin{aligned}
e_{ss} &= \lim_{s \to 0} sE(s) = \lim_{s \to 0} s \frac{1}{1+W_K(s)} X_r(s) \\
&= \lim_{s \to 0} s \frac{1}{1+W_K(s)} \frac{C}{s^3} = \frac{C}{\lim_{s \to 0} s^2 W_K(s)}
\end{aligned}
\tag{3-111}
$$

将式(3-111)中的极限式 $\lim\limits_{s \to 0} s^2 W_K(s)$ 定义为系统静态加速度误差系数 K_a,即

$$K_a = \lim_{s \to 0} s^2 W_k(s) \tag{3-112}$$

于是,稳态误差 e_{ss} 可由静态加速度误差系数 K_a 表示为

$$e_{ss} = \frac{C}{K_a} \tag{3-113}$$

由式(3-100)可知各型别系统的静态加速度误差系数为

$$
K_a = \begin{cases} 0 & v \leqslant 1 \\ K & v = 2 \\ \infty & v \geqslant 3 \end{cases}
\tag{3-114}
$$

式(3-113)和式(3-114)表明,系统消除抛物线作用下的稳态误差,开环传递函数 $W_K(s)$ 中应至少配置三个积分环节,即 $v \geqslant 3$。如果 $v=2$,则稳态误差为常值。若 $v \leqslant 1$,即抛物线输入下的 0 型和 I 型系统均无法正常工作,其稳态误差趋于无穷大。抛物线输入作用下不同型别系统的稳态误差,如图 3-35 所示。

由以上分析看出,消除或减少系统稳态误差,需增加积分环节个数和提高开环增益,而这与系统稳定性的要求是矛盾的,如何合理解决这一矛盾,是系统设计的任务之一。

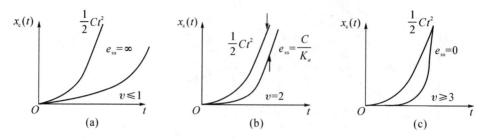

图 3-35 抛物线输入作用下不同型别系统的稳态误差

3.6.5 扰动信号 $x_d(t)$ 作用下的稳态误差

上一小节研究典型控制系统在有用输入信号 $x_r(t)$ 作用下的误差信号和稳态误差的计算等问题。但在任何情况下,控制系统除了承受有用信号的作用外,还不可避免地受到扰动信号的作用(如负载力矩的变化、放大器的噪声、电源电压的波动等),从而影响系统的性能。故也需要研究扰动信号作用下所引起的稳态误差,它可以反映系统抑制干扰的能力。在理想情况下,系统对于任何扰动所引起的稳态误差应该为 0,而实际上是不可能的。

如图 3-30 所示的典型反馈控制系统中,$x_d(t)$ 为扰动信号,令有用输入信号 $x_r(t)=0$,得到扰动信号 $x_d(t)$ 作用下的系统误差传递函数为:

$$W_{ed}(s)=\frac{-W_2(s)W_f(s)}{1+W_1(s)W_2(s)W_f(s)} \qquad (3-115)$$

故扰动信号 $x_d(t)$ 引起的稳态误差计算式为:

$$\begin{aligned} e_{ssd} &= \lim_{s\to 0} s W_{ed}(s)X_d(s) \\ &= \lim_{s\to 0} s\left[\frac{-W_2(s)W_f(s)}{1+W_1(s)W_2(s)W_f(s)}\right]X_d(s) \\ &= \lim_{s\to 0} s\left[\frac{-W_2(s)W_f(s)}{1+W_K(s)}\right]X_d(s) \end{aligned} \qquad (3-116)$$

显然,扰动信号作用下的稳态误差不仅与开环传递函数 $W_K(s)$ 以及扰动信号 $x_d(t)$ 有关,而且还和 $W_2(s)$ 有关,$W_2(s)$ 为扰动信号作用点到输出之间的那部分前向通道的传递函数,也就是说扰动信号作用下的稳态误差与扰动信号的作用点也有关。在分析扰动信号引起的稳态误差时,需要特别注意。

例 3-14 某系统结构如图 3-36 所示,图中 $X_r(s)$ 为单位阶跃输入信号;$X_d(s)$ 为单位阶跃扰动信号。求系统的稳态误差 e_{ss}。

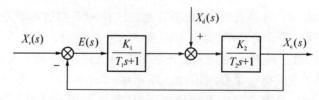

图 3-36 系统结构图

解:(1) 判别系统稳定性

由系统结构图可知系统为二阶系统,当参数 $T_1>0$、$T_2>0$、$K_1>0$、$K_2>0$ 时,系统稳定。

(2) 求 $E(s)$

由图 3-36 可求得,$X_r(s)$ 作用下的误差传递函数

$$W_{er}(s)=\frac{E(s)}{X_r(s)}=\frac{(T_1s+1)(T_2s+1)}{(T_1s+1)(T_2s+1)+K_1K_2}$$

$X_d(s)$ 作用下的误差传递函数

$$W_{ed}(s)=\frac{E(s)}{X_d(s)}=\frac{-K_2(T_1s+1)}{(T_1s+1)(T_2s+1)+K_1K_2}$$

则

$$E(s)=W_{er}(s)X_r(s)+W_{ed}(s)X_d(s)$$
$$=\frac{(T_1s+1)(T_2s+1)}{(T_1s+1)(T_2s+1)+K_1K_2}\frac{1}{s}+\frac{-K_2(T_1s+1)}{(T_1s+1)(T_2s+1)+K_1K_2}\frac{1}{s}$$

(3) 求稳态误差 e_{ss}

$$e_{ss}=\lim_{s\to0}sE(s)=\lim_{s\to0}s\left[\frac{(T_1s+1)(T_2s+1)}{(T_1s+1)(T_2s+1)+K_1K_2}\frac{1}{s}+\frac{-K_2(T_1s+1)}{(T_1s+1)(T_2s+1)+K_1K_2}\frac{1}{s}\right]$$
$$=\frac{1-K_2}{1+K_1K_2}$$

习　题

3.1　一阶系统结构如图 3-37 所示。其中 $W(s)=\dfrac{10}{0.2s+1}$。现采用加负反馈的方法,将过渡过程时间 t_s 减小为原来的 10 倍,并保证 $X_r(s)$ 到 $X_c(s)$ 的总放大系数不变。试确定如何调整参数 K_0 和 K_H。

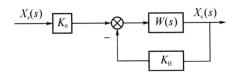

图 3-37　一阶系统结构图

3.2　假设温度计可以用环节 $\dfrac{1}{Ts+1}$ 来描述。现在用温度计测量盛在容器内的水温,发现需要 1 min 才能显示出实际水温的 98% 的数值。

试求:

(1) 环节时间常数 T;

(2) 若水温以单位速度函数的形式上升,求温度计的稳态误差 e_{ss}。

3.3　已知某控制系统的单位阶跃响应为

$$h(t) = 1 + 0.2e^{-60t} - 1.2e^{-10t}$$

试确定该系统的阻尼比 ζ 和自然角频率 ω_n。

3.4 某单位负反馈系统的开环传递函数为

$$W_K(s) = \frac{25}{s(s+5)}$$

(1) 确定该系统的阻尼比 ζ、自然角频率 ω_n 以及阻尼振荡角频率 ω_d；

(2) 计算系统的动态性能指标。

3.5 设简化的飞机自动控制系统结构图，如图 3-38 所示。试选择参数 K_1 和 K_t，使系统的 $\omega_n = 6$ rad/s，阻尼比 $\zeta = 1$。

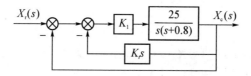

图 3-38 飞机自动控制系统

3.6 设电子心律起搏器系统如图 3-39 所示。$x_r(t)$ 为期望心速，$x_c(t)$ 为实际心速。模仿心脏的传递函数相当于一纯积分器。

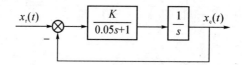

图 3-39 电子心律起搏器系统结构图

(1) 若阻尼比 $\zeta = 0.5$ 对应最佳响应，则起搏器增益 K 应取多少？

(2) 若期望心速为 60 次/分钟，并突然接通起搏器，问 1 s 后实际心速为多少？瞬时最大心速为多少？

3.7 设二阶系统的单位阶跃响应曲线如图 3-40 所示，试确定系统的传递函数。

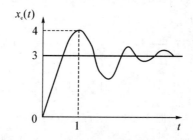

图 3-40 二阶系统单位阶跃响应曲线

3.8 试用稳定性判据确定具有下列特征方程式的系统稳定性，并说明特征根在复平面上的分布。

(1) $s^3 + 20s^2 + 4s + 50 = 0$

(2) $s^3 + 20s^2 + 4s + 100 = 0$

(3) $s^4 + 2s^3 + 6s^2 + 8s + 8 = 0$

(4) $2s^5 + s^4 - 15s^3 + 25s^2 + 2s - 7 = 0$

(5) $s^6 + 3s^5 + 9s^4 + 18s^3 + 22s^2 + 12s + 12 = 0$

3.9 已知单位负反馈系统的开环传递函数为

$$W_K(s) = \frac{K(0.5s+1)}{s(s+1)(0.5s^2+s+1)}$$

试确定保证系统稳定的 K 值范围。

3.10 设单位负反馈系统的开环传递函数为

$$W_K(s) = \frac{K}{s\left(\dfrac{1}{3}s+1\right)\left(\dfrac{1}{6}s+1\right)}$$

若要求闭环特征根的实部分别小于 $0, -1, -2$,试确定 K 值的取值范围。

3.11 已知某控制系统的结构图,如图 3-41 所示。试确定能够使闭环系统稳定的反馈参数 K_t 的取值范围。

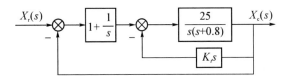

图 3-41 系统结构图

3.12 已知单位负反馈系统的开环传递函数为

$$W_K(s) = \frac{100}{s(0.1s+1)}$$

试求系统在输入信号 $x_r(t) = 1 + 2t + t^2$ 作用时,系统的稳态误差 e_{ss}。

3.13 设某单位负反馈系统的开环传递函数为

$$W_K(s) = \frac{\omega_n^2}{s(s+2\zeta\omega_n)}$$

已知该系统在单位阶跃信号 $x_r(t) = 1(t)$ 作用下,误差时间函数为 $e(t) = 1.4e^{-1.07t} - 0.4e^{-3.73t}$,求系统的阻尼比 ζ、自然振荡频率 ω_n、系统的开环传递函数、闭环传递函数以及系统的稳态误差 e_{ss}。

3.14 已知某控制系统结构图,如图 3-42 所示。试判断系统闭环稳定性,并确定系统的稳态误差 e_{ss}。

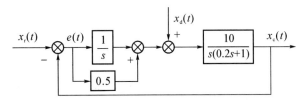

图 3-42 控制系统结构图

3.15 设系统结构图如图 3-43 所示,其中扰动信号 $x_d(t) = 1(t)$。是否可以选择某一合适的 K 值,使系统在扰动信号作用下的稳态误差为 $e_{ssd} = -0.099$?

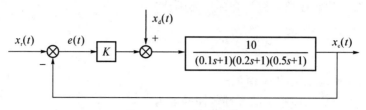

图 3-43 系统结构图

第四章　根轨迹法

由上一章的分析可知,系统的稳定性由系统闭环极点唯一确定,而系统的稳态性能和动态性能又与闭环零、极点在 s 平面上的位置密切相关,故分析或设计系统时,确定出闭环极点位置十分有意义。而当特征方程的阶数高于三阶时,除非借助于计算机,求根过程是非常复杂的。如果要研究系统参数变化对闭环特征根的影响,就需要进行大量的反复计算,同时还不能直观看出影响趋势。因此对于高阶系统的求根问题来说,解析法就显得很不方便。

1948 年,W. R. 伊文思在"控制系统的图解分析"一文中,提出了根轨迹法。当开环增益或其他参数改变时,其全部数值对应的闭极点均可在根轨迹图上简便地确定。根轨迹图不仅可以直接给出闭环系统时间响应的全部信息,而且可以指明开环零、极点应该怎样变化才能满足给定的闭环系统的性能指标要求。除此之外,用根轨迹法求解高阶代数方程的根,比用其他近似求根法简便。

根轨迹法是分析和设计线性定常控制系统的图解方法,使用十分简便,特别在进行多回路系统的分析时,应用根轨迹法比用其他方法更为方便,因此在工程实践中获得了广泛应用。

4.1　根轨迹法的基本概念

4.1.1　根轨迹概念

根轨迹简称根迹,它是指系统开环传递函数中某一参数(如开环增益 K)从零变到无穷时,闭环系统特征根在 s 平面上变化的轨迹。当变化的参数为开环增益 K 时,所对应的根轨迹称为常规根轨迹;当变化的参数为开环传递函数中的其他参数时,对应的根轨迹称为广义根轨迹。一般情况下,当闭环系统为正反馈时,对应的根轨迹为零度根轨迹;而负反馈对应的根轨迹为 $180°$ 根轨迹。

当闭环系统没有零点与极点相消时,闭环特征根就是闭环传递函数的极点,常简称为闭环极点。因此,从已知的开环零、极点位置及某一变化的参数来求取闭环极点的分布,实际上就是解决闭环特征方程求根的问题。

为了具体说明根轨迹的概念,设单位负反馈控制系统结构如图 4-1 所示。

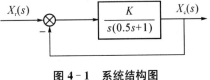

图 4-1　系统结构图

系统的开环传递函数为

$$W_{\mathrm{K}}(s) = \frac{K}{s(0.5s+1)} \tag{4-1}$$

系统开环增益为 K，开环有两个极点 $p_1=0$，$p_2=-2$，开环无零点。系统闭环传递函数为

$$W_{\mathrm{B}}(s) = \frac{X_{\mathrm{c}}(s)}{X_{\mathrm{r}}(s)} = \frac{2K}{s^2+2s+2K} \tag{4-2}$$

于是，闭环特征方程式可写为

$$D(s) = s^2+2s+2K = 0 \tag{4-3}$$

显然，特征方程式的根是：

$$s_1 = -1 + \sqrt{1-2K}$$

$$s_2 = -1 - \sqrt{1-2K}$$

如果令开环增益 K 从零变到无穷，可以用解析的方法求出闭环极点的全部数值，如表 4-1 所示，将这些数值标注在 s 平面上，并连成光滑的粗实线，如图 4-2 所示，粗实线就称为系统的根轨迹，根轨迹上的箭头表示随着 K 值的增加根轨迹的变化趋势，而标注的数值则代表与闭环极点位置相应的开环增益 K 的数值。

表 4-1　不同 K 值的特征根 s_1、s_2 取值

K	0	0.5	1.0	2.5	∞
s_1	0	-1	$-1+\mathrm{j}$	$-1+2\mathrm{j}$	$-1+\mathrm{j}\infty$
s_2	-2	-1	$-1-\mathrm{j}$	$-1-2\mathrm{j}$	$-1-\mathrm{j}\infty$

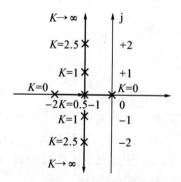

图 4-2　系统根轨迹图

4.1.2　根轨迹与系统性能

图 4-2 可以直观看出开环增益 K 变化时，闭环特征根所发生的变化，故有了根轨迹图，可以立即分析关于系统性能的各种信息。

1. 稳定性

当开环增益 K 从零变到无穷时，图 4-2 上的根轨迹不会越过虚轴进入 s 右半平面，

因此图 4-1 系统对所有的 K 值都是稳定的，即只要 $K>0$，系统就稳定，这与前面所得出的结论完全相同。如果分析高阶系统的根轨迹图，那么根轨迹有可能越过虚轴进入 s 右半平面，此时根轨迹与虚轴交点处的 K 值，就是临界开环增益。

2. 动态性能

由图 4-2 可见，当 $0<K<0.5$ 时，所有闭环极点位于负实轴上，系统为过阻尼系统，单位阶跃响应为非周期过程；当 $K=0.5$ 时，闭环两个实数极点重合，系统为临界阻尼系统，单位阶跃响应仍为非周期过程，但响应速度较 $0<K<0.5$ 时快；当 $K>0.5$ 时，闭环极点为一对共轭复数根，系统处于欠阻尼状态，单位阶跃响应为阻尼振荡过程，且超调量将随 K 值的增大而加大，但调节时间的变化不会显著。

3. 稳态性能

由图 4-2 可见，开环系统在坐标原点有一个极点，所以系统属 I 型系统，因而根轨迹上的 K 值就是静态速度误差系数。如果给定系统的稳态误差要求，则由根轨迹图可以确定闭环极点位置的容许范围。在一般情况下，根轨迹图上标注出来的参数不是开环增益，而是所谓根轨迹增益。下面将要指出，开环增益和根轨迹增益之间，仅相差一个比例常数，很容易进行换算。对于其他参数变化的根轨迹图，情况是类似的。

上述分析表明，根轨迹与系统性能之间有着比较密切的联系。然而，对于高阶系统，用解析的方法绘制系统的根轨迹图，显然是不适用的。我们希望能有简便的图解方法，可以根据已知的开环传递函数迅速绘出闭环系统的根轨迹。为此，需要研究闭环零、极点与开环零、极点之间的关系。

4.1.3　闭环零、极点与开环零、极点之间的关系

由于开环零、极点是已知的，因此建立开环零、极点与闭环零、极点之间的关系，有助于闭环系统根轨迹的绘制，并由此导出根轨迹方程。

设负反馈控制系统如图 4-3 所示，其闭环传递函数为：

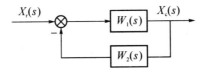

图 4-3　反馈控制系统

$$W_{\mathrm{B}}(s) = \frac{X_c(s)}{X_r(s)} = \frac{W_1(s)}{1+W_1(s)W_2(s)} \tag{4-4}$$

式（4-4）中，$W_1(s)W_2(s)$ 为系统开环传递函数；$W_1(s)$ 为前向通道传递函数；$W_2(s)$ 为反馈通道传递函数，并将它们分别表示为

$$W_1(s) = \frac{K_1(\tau_1 s+1)(\tau_2^2 s^2+2\zeta_1\tau_2 s+1)\cdots}{s^v(T_1 s+1)(T_2^2 s^2+2\zeta_2 T_2 s+1)\cdots} = K_1^* \frac{\displaystyle\prod_{i=1}^{f}(s-z_i)}{\displaystyle\prod_{i=1}^{q}(s-p_i)} \tag{4-5}$$

式（4-5）中，K_1 为前向通道增益；K_1^* 为前向通道根轨迹增益，它们之间满足如下关系：

$$K_1^* = K_1 \frac{\tau_1 \tau_2^2 \cdots}{T_1 T_2^2 \cdots} \tag{4-6}$$

$$W_2(s) = K_2^* \frac{\prod\limits_{j=1}^{l}(s-z_j)}{\prod\limits_{j=1}^{h}(s-p_j)} \tag{4-7}$$

式(4-7)中，K_2^* 为反馈通道根轨迹增益。于是，图 4-3 系统的开环传递函数可表示为

$$W_K(s) = W_1(s)W_2(s) = K^* \frac{\prod\limits_{i=1}^{f}(s-z_i)\prod\limits_{j=1}^{l}(s-z_j)}{\prod\limits_{i=1}^{q}(s-p_i)\prod\limits_{j=1}^{h}(s-p_j)} \tag{4-8}$$

式(4-8)中，$K^* = K_1^* K_2^*$ 称为开环系统根轨迹增益，它与开环增益 K 之间的关系类似于式(4-6)，仅相差一个比例常数。对于有 m 个开环零点和 n 个开环极点的系统，且 $n \geqslant m$，有

$$f + l = m$$
$$q + h = n \tag{4-9}$$

将式(4-5)和式(4-7)代入式(4-4)，得

$$W_B(s) = \frac{K_1^* \prod\limits_{i=1}^{f}(s-z_i)\prod\limits_{j=1}^{h}(s-p_j)}{\prod\limits_{i=1}^{q}(s-p_i)\prod\limits_{j=1}^{h}(s-p_j) + K_1^* K_2^* \prod\limits_{i=1}^{f}(s-z_i)\prod\limits_{j=1}^{l}(s-z_j)} = K_1^* \frac{\prod\limits_{k=1}^{f+h}(s-z_k)}{\prod\limits_{k=1}^{n}(s-p_k)} \tag{4-10}$$

比较式(4-8)和式(4-10)，可得以下结论：

(1) 闭环系统根轨迹增益等于开环系统前向通道根轨迹增益。对于 $W_2(s)=1$ 的单位反馈系统，闭环系统根轨迹增益就等于开环系统根轨迹增益。

(2) 闭环零点由开环前向通路传递函数的零点和反馈通路传递函数的极点所组成。对于 $W_2(s)=1$ 的单位反馈系统，闭环零点就是开环零点。

(3) 闭环极点与开环零点、开环极点以及根轨迹增益 K^* 均有关。

综上分析可知，根轨迹法的基本任务在于如何由已知的开环零、极点的分布及根轨迹增益，通过图解的方法找出闭环极点。一旦确定闭环极点后，闭环传递函数可由式(4-10)写出。在已知闭环传递函数的情况下，闭环系统的时间响应可利用拉氏反变换的方法求出。

4.1.4　根轨迹方程

根轨迹是系统所有闭环极点的集合。为了用图解法确定所有闭环极点，令闭环传递函数表达式(4-4)的分母为零，得闭环特征方程式为

$$1 + W_1(s)W_2(s) = 0 \tag{4-11}$$

闭环极点就是闭环特征方程式的解,也称为特征根。如果求开环传递函数中某个参数由零变化到无穷时闭环的所有极点,本质上就是求解式(4-11),所以式(4-11)就是根轨迹方程。根轨迹方程常写为

$$W_1(s)W_2(s) = -1 \qquad (4-12)$$

式(4-12)中,$W_1(s)W_2(s)$ 为开环传递函数,即根轨迹方程也可以写为

$$W_K(s) = -1 \qquad (4-13)$$

式(4-13)明确地表示出开环传递函数与闭环极点之间的关系。若系统有 m 个开环零点和 n 个开环极点,且 $n \geqslant m$ 时,式(4-13)等价为

$$W_K(s) = K^* \frac{\prod\limits_{i=1}^{m}(s-z_i)}{\prod\limits_{j=1}^{n}(s-p_j)} = -1 \qquad (4-14)$$

式(4-14)中,z_i 为已知的开环零点;p_j 为已知的开环极点;K^* 为根轨迹增益,且 K^* 从零变化到无穷。将式(4-14)称为根轨迹方程。

根据式(4-14),可以绘制出当 K^* 从零变化到无穷时,系统的连续根轨迹。应当指出,只要闭环特征方程可以化成式(4-14)的形式,都可以绘制根轨迹,其中处于变化地位的实参数,不限定是根轨迹增益 K^*,也可以是系统其他变化参数。但是,用式(4-14)形式表达的开环零点和开环极点,在 s 平面上的位置必须是确定的,否则无法绘制根轨迹。此外,如果需要绘制一个以上参数变化时的根轨迹图,那么画出的不再是简单的根轨迹,而是根轨迹簇。

根轨迹方程实质上是一个关于 s 的向量方程,直接使用很不方便。考虑到

$$-1 = e^{j(2k+1)\pi}; k = 0, \pm 1, \pm 2, \cdots \qquad (4-15)$$

因此,根轨迹方程(4-14)可以用两个方程来描述,分别为

$$|W_K(s)| = -1 \qquad (4-16)$$

和

$$\angle W_K(s) = (2k+1)\pi; k = 0, \pm 1, \pm 2, \cdots \qquad (4-17)$$

或

$$\left| K^* \frac{\prod\limits_{i=1}^{m}(s-z_i)}{\prod\limits_{j=1}^{n}(s-p_j)} \right| = K^* \frac{\prod\limits_{i=1}^{m}|s-z_i|}{\prod\limits_{j=1}^{n}|s-p_j|} = 1 \qquad (4-18)$$

和

$$\sum_{i=1}^{m}\angle(s-z_i) - \sum_{j=1}^{n}\angle(s-p_j) = (2k+1)\pi; k = 0, \pm 1, \pm 2, \cdots \qquad (4-19)$$

s 平面上的点若满足式(4-14),则必满足式(4-16)和式(4-17)(或式(4-18)和式

(4-19)),这些点就是闭环特征方程的根,即闭环极点。称式(4-16)和式(4-17)(或式(4-18)和式(4-19))分别为满足根轨迹方程的模值条件和相角条件。根据这两个条件,可以完全确定 s 平面上的根轨迹和根轨迹上对应的 K^* 值。

应当指出,模值条件仅是根轨迹的必要条件,即根轨迹上的所有点均应满足模值条件,但 s 平面上满足模值条件的点未必都是根轨迹上的点。然而,相角条件却是确定 s 平面上根轨迹的充分必要条件,即根轨迹上所有的点均满足相角条件,同时,s 平面上满足相角条件的点都在根轨迹上。这就是说,绘制根轨迹时,只需要使用相角条件;而当需要确定根轨迹上各点的 K^* 值时,才使用模值条件,通过相角条件可以确定 s 平面上任意一点是否为根轨迹上的点。

例 4-1 已知某系统开环传递函数为

$$W_K(s) = \frac{K^*(s-z_1)}{s(s-p_2)(s-p_3)}$$

其开环零、极点分布,如图 4-4 所示。试确定 s 平面上的一点 s_i 是否为根轨迹上的点。

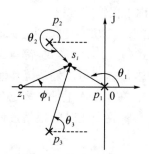

图 4-4 零、极点分布图

解:系统有一个开环零点 z_1,三个开环极点 $p_1 = 0, p_2, p_3$。作出从各开环零点和极点到 s_i 的向量,分别为 $p_1 s_i, p_2 s_i, p_3 s_i$ 和 $z_1 s_i$。

根据根轨迹相角条件式(4-19),若

$$\angle(s_i - z_1) - (\angle(s_i - p_1) + \angle(s_i - p_2) + \angle(s_i - p_3))$$
$$= \phi_1 - (\theta_1 + \theta_2 + \theta_3) = (2k+1)\pi \quad k = 0, \pm 1, \pm 2, \cdots$$

则 s_i 就是根轨迹上的点。注意,这里相角以逆时针为正。

根据式(4-18)可以确定当 s_i 为根轨迹上的点时,对应的根轨迹增益为

$$K^* = \frac{|s_i - p_1||s_i - p_2||s_i - p_3|}{|s_i - z_i|}$$

4.2 根轨迹绘制的基本法则

本节讨论绘制概略根轨迹的基本法则和闭环极点的确定方法。重点讨论负反馈系统开环增益 K 从零到无穷变化时的根轨迹绘制的基本法则。当可变参数为系统的其他参数时,需要进行适当变换,这些基本法则仍然适用。熟练掌握一些绘制法则,对于分析

和设计控制系统是非常有益的。应当指出的是,用这些基本法则绘出的根轨迹,其相角遵循$(2k+1)\pi$条件,因此称为$180°$根轨迹,相应的绘制法可以叫做$180°$根轨迹的绘制法则。

法则一　根轨迹的分支数

根轨迹在s平面上的分支数(或条数)等于开环极点的个数n。因为由根轨迹方程可知,开环极点数n等于闭环特征方程根(闭环极点)的个数,当开环增益K从零到无穷变化时,闭环极点也跟着变化,每个极点随着K的变化在s平面上的位置不同,将这些不同位置上的点连起来就是一条根轨迹,n个极点对应n条根轨迹。

法则二　根轨迹的连续性和对称性

根轨迹是连续的,因为闭环特征方程中的某些系数是开环增益K的函数,当K从零到无穷连续变化时,特征方程的某些系数也随之而连续变化,因而特征根的变化也必然是连续的,故根轨迹具有连续性。

根轨迹关于实轴对称,这是因为闭环特征根只有实根和复根两种,实根位于实轴上,复根必定为共轭复数根,而根轨迹是特征根的集合,故根轨迹是关于实轴对称的。

法则三　根轨迹的起点和终点

根轨迹起于开环极点,而终止于开环零点。

证明　所谓根轨迹起点是指开环增益$K=0$或根轨迹增益$K^*=0$的根轨迹点,而终点则是指$K\to\infty$或$K^*\to\infty$的根轨迹点。

由根轨迹方程式(4-14)有

$$\frac{\prod\limits_{i=1}^{m}(s-z_i)}{\prod\limits_{j=1}^{n}(s-p_j)}=-\frac{1}{K^*} \tag{4-20}$$

当$K=0$,即$K^*=0$时,只有当$s=p_j$时,式(4-20)才成立。而p_j为开环极点,故根轨迹起始于开环极点。

而当$K\to\infty$,即$K^*\to\infty$时,只有当$s=z_i$时,式(4-20)才成立。而z_i为开环零点,故根轨迹终止于开环零点。

对于物理可实现系统,其开环极点数n总是大于或等于开环零点数m。若$n>m$,将有$n-m$条根轨迹只有起点,而不终止于有限零点。

若$n>m$,且$s\to\infty$时,有

$$\lim_{s\to\infty}\frac{\prod\limits_{i=1}^{m}(s-z_i)}{\prod\limits_{j=1}^{n}(s-p_j)}=\lim_{s\to\infty}\frac{1}{s^{n-m}}=0 \tag{4-21}$$

即开环系统有$n-m$个在无穷远处的零点。

如果把有限数值的零点称为有限零点,而把无穷远处的零点叫做无限零点,那么根轨迹必终止于开环零点。在把无穷远处看为无限零点的意义下,开环零点数和开环极点数是相等的。

法则四　根轨迹的渐近线

当开环极点数 n 大于开环零点数 m 时,有 $n-m$ 条根轨迹分支沿着与实轴交角为 φ_a、交点为 σ_a 的一组渐近线趋向无穷远处,且有:

$$\varphi_a = \frac{(2k+1)\pi}{n-m}; k = 0,1,2,\cdots,n-m-1 \tag{4-22}$$

$$\sigma_a = \frac{\sum\limits_{j=1}^{n} p_j - \sum\limits_{i=1}^{m} z_i}{n-m} \tag{4-23}$$

证明　渐近线就是 s 值很大时的根轨迹,因此渐近线也一定对称于实轴。将开环传递函数写成多项式形式,得

$$W_K(s) = K^* \frac{\prod\limits_{i=1}^{m}(s-z_i)}{\prod\limits_{j=1}^{n}(s-p_j)} = K^* \frac{s^m + b_1 s^{m-1} + \cdots + b_{m-1}s + b_m}{s^n + a_1 s^{n-1} + \cdots + a_{n-1}s + a_n} \tag{4-24}$$

式(4-24)中

$$b_1 = -\sum_{i=1}^{m} z_i, a_1 = -\sum_{j=1}^{n} p_j$$

当 s 值很大时,式(4-24)可近似为:

$$W_K(s) = \frac{K^*}{s^{n-m} + (a_1 - b_1)s^{n-m-1}}$$

由 $W_K(s) = -1$ 得渐近线方程

$$s^{n-m}\left(1 + \frac{a_1 - b_1}{s}\right) = -K^*$$

或
$$s\left(1 + \frac{a_1 - b_1}{s}\right)^{\frac{1}{n-m}} = (-K^*)^{\frac{1}{n-m}} \tag{4-25}$$

根据二项式定理

$$\left(1 + \frac{a_1 - b_1}{s}\right)^{\frac{1}{n-m}} = 1 + \frac{a_1 - b_1}{(n-m)s} + \frac{1}{2!} \times \frac{1}{n-m}\left(\frac{1}{n-m} - 1\right)\left(\frac{a_1 - b_1}{s}\right)^2 + \cdots$$

在 s 值很大时,近似有

$$\left(1 + \frac{a_1 - b_1}{s}\right)^{\frac{1}{n-m}} = 1 + \frac{a_1 - b_1}{(n-m)s} \tag{4-26}$$

将式(4-26)代入式(4-25),渐近线方程可表示为:

$$s\left[1 + \frac{a_1 - b_1}{(n-m)s}\right] = (-K^*)^{\frac{1}{n-m}} \tag{4-27}$$

现在以 $s = \sigma + j\omega$ 代入式(4-27),得

$$\left(\sigma+\frac{a_1-b_1}{n-m}\right)+j\omega = \sqrt[n-m]{K^*}\left[\cos\frac{(2k+1)\pi}{n-m}+j\sin\frac{(2k+1)\pi}{n-m}\right] \quad k=0,1,\cdots,n-m-1$$

令实部和虚部分别相等,有:

$$\sigma+\frac{a_1-b_1}{n-m}=\sqrt[n-m]{K^*}\cos\frac{(2k+1)\pi}{n-m}$$

$$\omega=\sqrt[n-m]{K^*}\sin\frac{(2k+1)\pi}{n-m}$$

从最后两个方程中解出:

$$\sqrt[n-m]{K^*}=\frac{\omega}{\sin\varphi_a}=\frac{\sigma-\sigma_a}{\cos\varphi_a} \tag{4-28}$$

$$\omega=(\sigma-\sigma_a)\tan\varphi_a \tag{4-29}$$

式中:

$$\varphi_a=\frac{(2k+1)\pi}{n-m};k=0,1,\cdots,n-m-1 \tag{4-30}$$

$$\sigma_a=\frac{\sum\limits_{j=1}^{n}p_j-\sum\limits_{i=1}^{m}z_i}{n-m} \tag{4-31}$$

在 s 平面上,式(4-29)代表直线方程,它与实轴的交角为 φ_a,交点为 σ_a。当 K 取不同值时,可得 $n-m$ 个 φ_a 角,而 σ_a 不变,因此根轨迹渐近线是 $n-m$ 条与实轴交点为 σ_a、交角为 φ_a 的一组射线。

例 4-2 已知某控制系统结构图,如图 4-5 所示,试根据法则四,求出根轨迹的渐近线。

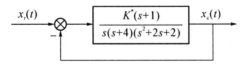

图 4-5 控制系统结构图

解:由图 4-5 可知,系统开环传递函数为

$$W_K(s)=\frac{K^*(s+1)}{s(s+4)(s^2+2s+2)}$$

则开环零点为:$z_1=-1$,即 $m=1$;开环极点为:$p_1=0,p_2=-4,p_3=-1+j$ 和 $p_4=-1-j$,即 $n=4$。

根据法则四,根轨迹渐近线与实轴的交点和夹角分别为

$$\sigma_a=\frac{\sum\limits_{j=1}^{n}p_j-\sum\limits_{i=1}^{m}z_i}{3}=\frac{(0-4-1+j-1-j)-(-1)}{3}=-1.67$$

$$\varphi_a=\frac{(2k+1)\pi}{n-m}=60°,k=0$$

$$\varphi_a = \frac{(2k+1)\pi}{n-m} = 180°, k = 1$$

$$\varphi_a = \frac{(2k+1)\pi}{n-m} = 300°, k = 2$$

根据计算得到的渐近线与实轴的交点 σ_a 和交角 φ_a，绘制渐近线，如图 4-6 所示，图中粗实线即为渐近线。

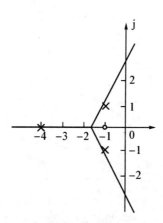

图 4-6　系统零、极点分布及渐近线图

图 4-7 画出几种典型的开环传递函数的根轨迹渐近线。

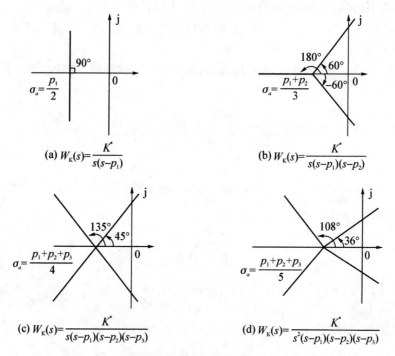

图 4-7　几种典型的开环传递函数的根轨迹渐近线

由图 4-7 可以得知，$n-m$ 条渐近线将 s 平面以 σ_a 为中心进行等分，各渐近线之间的夹角为 $360°/(n-m)$。只要求出其中一条渐近线与正实轴的交角，就可以确定出其他渐近线的位置。

法则五　实轴上的根轨迹

实轴上的某一区域,若其右边开环实数零、极点个数之和为奇数,则该区域必是根轨迹。

证明　设某一系统开环零、极点分布如图 4-8 所示。图 4-8 中,取实轴上的某一个试验点 s_0,$\varphi_j(j=1,2,3)$ 是各开环零点指向 s_0 点向量的相角,$\theta_i(i=1,2,3,4)$ 是各开环极点指向 s_0 点向量的相角。复数共轭极点到实轴上任意一点(包括 s_0)的向量相角和为 0,它们不影响相角条件方程,如图 4-8 中,$\angle(s_0-p_2)+\angle(s_0-p_3)=0$。如果开环系统存在复数共轭零点,情况同样如此。因此,在确定实轴上的根轨迹时,可以不考虑复数开环零、极点的影响。

由图 4-8 还可见,试验点 s_0 点左边开环实数零、极点到 s_0 点的向量相角为零,它们也不影响相角条件方程。只需要考虑试验点 s_0 右边开环实数零、极点到 s_0 点的向量相角,它们均等于 π。如果令 $\sum\varphi_j$ 代表 s_0 点之右所有开环实数零点到 s_0 点的向量相角和,$\sum\theta_i$ 代表 s_0 点之右所有开环实数极点到 s_0 点的向量相角和,那么 s_0 点位于根轨迹上的充分必要条件是下面相角条件成立:

$$\sum\varphi_j - \sum\theta_i = (2k+1)\pi$$

式中,$(2k+1)$ 为奇数。

在上述相角条件中,考虑到这些相角中的每一个相角都等于 π,而 π 与 −π 代表相同角度,因此减去 π 角就相当于加上 π 角。于是,s_0 位于根轨迹上的等效条件是

$$\sum\varphi_j + \sum\theta_i = (2k+1)\pi$$

式中,$(2k+1)$ 为奇数。于是本法则得证。

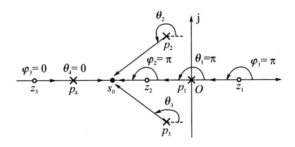

图 4-8　实轴上的根轨迹

对于图 4-8 所示的系统,根据本法则可知,z_1 和 p_1 之间、z_2 和 p_4 之间,以及 z_3 和 −∞ 之间的实轴部分,都是根轨迹的一部分。

例 4-3　已知某单位负反馈系统开环传递函数为

$$W_K(s) = \frac{K(s+1)}{s(0.5s+1)}$$

当 $K:0\to\infty$ 变化时,绘制闭环根轨迹图。

解:将开环传递函数写成零、极点的形式,即

$$W_K(s) = \frac{2K(s+1)}{s(s+2)}$$

则开环零点为:$z_1 = -1$;开环极点为:$p_1 = 0$ 和 $p_2 = -2$。将开环零、极点布置在 s 平面上,如图 4-9 所示,按照根轨迹绘制法则绘制闭环根轨迹。

(1) $m = 1$,$n = 2$,根轨迹有两条分支。

(2) 两条根轨迹分别起始于开环极点 $p_1 = 0$ 和 $p_2 = -2$,一条终止于有限零点 $z_1 = -1$,另一条根轨迹沿着渐近线的方向趋于无穷远处的零点。

(3) 渐近线

$$\sigma_a = \frac{\sum_{j=1}^{n} p_j - \sum_{i=1}^{m} z_i}{n-m} = \frac{0-2-(-1)}{2-1} = -1$$

$$\varphi_a = \frac{(2k+1)\pi}{n-m} = \frac{(2k+1)\pi}{2-1} = (2k+1)\pi$$

$$\varphi_a = 180°, (k=0)$$

(4) 实轴上$(-\infty, -2)$区域右边有一个零点、两个极点,零极点总数为 3,故$(-\infty, -2)$为实轴上的根轨迹区域;$(-1, 0)$区域右边有一个极点,零极点数总数为 1,故$(-1, 0)$也为实轴上的根轨迹区域,如图 4-9 所示。

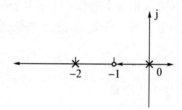

图 4-9 根轨迹图

例 4-4 已知某控制系统开环传递函数为

$$W_K(s) = \frac{K^*(s+1)}{s^2(s+2)(s+5)(s+20)}$$

试求实轴上的根轨迹。

解: 系统的开环零点为:$z_1 = -1$;开环极点为:$p_{1,2} = 0$(重极点),$p_3 = -2$,$p_4 = -5$,$p_5 = -20$。如图 4-10 所示。

实轴上$(-20, -5)$区域右边有一个零点、四个极点,零极点数总数为 5,故$(-20, -5)$为实轴上的根轨迹区域;$(-2, -1)$区域右边有一个零点、两个极点,零极点数总数为 3,故$(-2, -1)$也为实轴上的根轨迹区域,如图 4-10 所示。

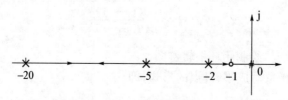

图 4-10 实轴上的根轨迹

法则六　根轨迹的分离点(汇合点)

l 条根轨迹分支在 s 平面上相遇又立即分开的点,称为根轨迹的分离点(汇合点)。如图 4-11 所示为某系统的根轨迹图。由开环极点 p_1 和 p_2 出发的两条根轨迹,随着开环增益 K 的增大,根轨迹在实轴上相遇于 A 点后,又分离进入复平面,当开环增益 K 继续增大后,根轨迹又在实轴上相遇于 B 点,并分别沿实轴的正负两方向前进。当 $K \to \infty$ 时,一条根轨迹终止于开环零点 z_1,另一条趋于实轴的负无穷远处。根轨迹与实轴有两个交点 A 和 B,即为根轨迹在实轴上的分离点和汇合点。

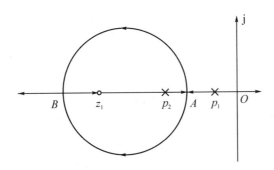

图 4-11　分离点(汇合点)

因为根轨迹是对称的,故根轨迹的分离点(汇合点)位于实轴上,或以共轭形式成对出现在复平面中。一般情况下,常见的根轨迹分离点是位于实轴上的两条根轨迹分支的分离点。若实轴上两相邻开环极点(包括无限极点)之间为根轨迹区域,则在这段区域上必存在分离点;若实轴上两相邻开环零点(包括无限零点)之间为根轨迹区域,则在这段区域上必存在汇合点;若实轴上的根轨迹在开环零点与极点之间,则它们之间可能既无分离点,也无汇合点,也可能既有分离点,也存在汇合点。

分离点(汇合点)位置的确定对于绘制根轨迹是很重要的,分离点(汇合点)坐标的求解有两种方法。

方法 1　分离点的坐标 d 由分式方程确定。

由式(4-14)可知,闭环特征方程为

$$D(s) = 1 + W_K(s) = 1 + K^* \frac{\prod\limits_{i=1}^{m}(s-z_i)}{\prod\limits_{j=1}^{n}(s-p_j)} = 0$$

则有

$$D(s) = \prod\limits_{j=1}^{n}(s-p_j) + K^* \prod\limits_{i=1}^{m}(s-z_i) = 0$$

或

$$\prod\limits_{j=1}^{n}(s-p_j) = -K^* \prod\limits_{i=1}^{m}(s-z_i) \tag{4-32}$$

根轨迹在 s 平面上相遇,说明特征方程出现重根,设重根为 $s=d$,根据代数方程中出现重根的条件,有

$$\frac{\mathrm{d}D(s)}{\mathrm{d}s} = \frac{\mathrm{d}}{\mathrm{d}s}\Big[\prod_{j=1}^{n}(s-p_j) + K^* \prod_{i=1}^{m}(s-z_i)\Big] = 0$$

或

$$\frac{\mathrm{d}}{\mathrm{d}s}\Big[\prod_{j=1}^{n}(s-p_j)\Big] = -K^* \frac{\mathrm{d}}{\mathrm{d}s}\Big[\prod_{i=1}^{m}(s-z_i)\Big] \tag{4-33}$$

用式(4-33)除以式(4-32),得

$$\frac{\frac{\mathrm{d}}{\mathrm{d}s}\Big[\prod\limits_{j=1}^{n}(s-p_j)\Big]}{\prod\limits_{j=1}^{n}(s-p_j)} = \frac{\frac{\mathrm{d}}{\mathrm{d}s}\Big[\prod\limits_{i=1}^{m}(s-z_i)\Big]}{\prod\limits_{i=1}^{m}(s-z_i)} \tag{4-34}$$

由式(4-34)得分离点(汇合点)的坐标 d 为

$$\sum_{i=1}^{m}\frac{1}{d-z_i} = \sum_{j=1}^{n}\frac{1}{d-p_j} \tag{4-35}$$

方法 2 重根法。

根轨迹的分离点(汇合点)是特征方程的重根,故可以用求重根的方法确定分离点(汇合点)。

设系统闭环特征方程为

$$W_{\mathrm{K}}(s) = K^* \frac{\prod\limits_{i=1}^{m}(s-z_i)}{\prod\limits_{j=1}^{n}(s-p_j)} = K^* \frac{N(s)}{P(s)} = -1$$

则有

$$P(s) + K^* N(s) = 0 \tag{4-36}$$

因特征方程有重根,则必有如下关系:

$$\dot{P}(s) + K^* \dot{N}(s) = 0 \tag{4-37}$$

将式(4-36)和式(4-37)联立,消去 K^*,得

$$\dot{N}(s)P(s) - N(s)\dot{P}(s) = 0 \tag{4-38}$$

解式(4-38),得根轨迹的分离点(汇合点)

$$s = d$$

例 4-5 设某控制系统的开环传递函数为

$$W_{\mathrm{K}}(s) = \frac{K(s+1)}{s(s+2)(s+3)}$$

当 K 从 $0 \to \infty$ 变化时,试绘制闭环根轨迹图。

解:系统开环零点为:$z_1 = -1$,开环极点为:$p_1 = 0$,$p_2 = -2$,$p_3 = -3$,将开环零、极

点布置在 s 平面上,如图 4-12 所示,按照根轨迹绘制法则绘制闭环根轨迹。

(1) $m=1,n=3$,根轨迹有三条分支。

(2) 三条根轨迹分别起始于开环极点 $p_1=0$、$p_2=-2$ 和 $p_3=-3$,一条终止于有限零点 $z_1=-1$,另外两条根轨迹沿着渐近线的方向趋于无穷远处的零点。

(3) 渐近线

$$\sigma_a = \frac{\sum\limits_{j=1}^{n} p_j - \sum\limits_{i=1}^{m} z_i}{n-m} = \frac{(0-2-3)+1}{3-1} = -2$$

$$\varphi_a = \frac{(2k+1)\pi}{n-m} = \frac{(2k+1)\pi}{3-1} = \frac{(2k+1)\pi}{2}$$

$$\varphi_a = 90°,(k=0)$$

$$\varphi_a = 270°,(k=1)$$

(4) 实轴上的根轨迹区域

$(-3,-2)$ 区域右边有一个零点、两个极点,零极点总数为 3,故 $(-3,-2)$ 为实轴上的根轨迹区域;$(-1,0)$ 区域右边有一个极点,零极点数总数为 1,故 $(-1,0)$ 也为实轴上的根轨迹区域,如图 4-12 所示。

(5) 分离点(汇合点)d

$$\frac{1}{d+1} = \frac{1}{d-0} + \frac{1}{d+2} + \frac{1}{d+3}$$

用试探的方法,求得

$$d=-2.47$$

应当指出,分离点(汇合点)方程往往是高阶方程,用解析法求解十分不便,因为分离点的位置大致是知道的,实际工程应用时,常用试探法求解。由式(4-35)解出的 d 可能是多余的,应舍弃不在根轨迹上的 d 点。

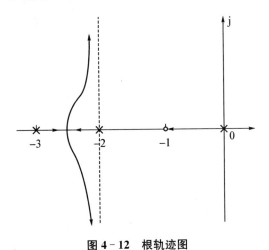

图 4-12　根轨迹图

例 4-6 单位负反馈系统的开环传递函数为

$$W_K(s) = \frac{K(s+1)}{(s+0.1)(s+0.5)}$$

试确定实轴上根轨迹的分离点(汇合点)d。

解：系统开环零点为：$z_1 = -1$，开环极点为：$p_1 = -0.1$，$p_2 = -0.5$。

实轴上根轨迹区域为 $(-\infty, -1)$ 和 $(-0.5, -0.1)$。由开环传递函数 $W_K(s)$，可得

$$N(s) = s+1 \quad \dot{N}(s) = 1$$

$$P(s) = (s+0.1)(s+0.5) = s^2 + 0.6s + 0.05$$

$$\dot{P}(s) = 2s + 0.6$$

由

$$\dot{N}(s)P(s) - N(s)\dot{P}(s) = 0$$

有

$$s^2 + 2s + 0.55 = 0$$

解之得

$$s_1 = d_1 = -0.33 \quad s_2 = d_2 = -1.67$$

下面说明分离点(汇合点)处根轨迹分支之间的夹角问题。需要说明的是，分离角定义为根轨迹进入分离点的切线方向与离开分离点的切线方向之间的夹角。这里不加证明地指出：当 l 条根轨迹分支进入并立即离开分离点时，分离角可由 $(2k+1)\pi/l$ 决定，其中 $k = 0, 1, \cdots, l-1$。显然，当 $l = 2$ 时，分离角必为直角。

法则七　根轨迹与虚轴的交点

根轨迹与虚轴的交点对应于系统特征方程的一对共轭纯虚根 $\pm j\omega$。若当根轨迹从左半 s 平面穿过虚轴进入右半 s 平面时，系统将会由稳定变为不稳定状态，故根轨迹与虚轴的交点是一个临界点，实质上对应着确定系统稳定性的临界根轨迹增益 K_P^*。可以用如下两种方法求取根轨迹与虚轴的交点。

(1) 复数计算法

令闭环特征方程 $D(s) = 0$ 中的 $s = j\omega$，然后令其实部和虚部分别为 0，求得。

该方法受到系统阶次的限制，遇到高阶系统时，可以采用下面的劳斯判据法。

(2) 劳斯判据法

首先写出闭环特征方程，列出劳斯表。由前面第三章的内容可知，当劳斯表中出现全 0 行时，通过解辅助方程，可以求得对称于 s 平面原点的共轭纯虚根。故令劳斯表中满足条件的行中所有元素全为 0，解出相应的 K_P^*，并将其代入辅助方程中，解出相应的 ω，从而得到根轨迹与虚轴的交点 $\pm j\omega$。

例 4-7 某单位负反馈系统的开环极点为：$p_1 = 0$，$p_2 = -1$，$p_3 = -2$。开环无零点，试绘制闭环根轨迹图。

解: 由已知的系统开环零、极点,可以写出系统开环传递函数为

$$W_K(s) = \frac{K^*}{s(s+1)(s+2)}$$

(1) $m=3, n=0$,根轨迹有三条分支。

(2) 三条根轨迹分别起始于开环极点 $p_1=0$、$p_2=-1$ 和 $p_3=-2$,三条根轨迹分别沿着渐近线的方向趋于无穷远处的零点。

(3) 渐近线

$$\sigma_a = \frac{\sum_{j=1}^n p_j - \sum_{i=1}^m z_i}{n-m} = \frac{0-1-2}{3-0} = -1$$

$$\varphi_a = \frac{(2k+1)\pi}{n-m} = \frac{(2k+1)\pi}{3-0} = \frac{(2k+1)\pi}{3}$$

$$\varphi_a = 60°,(k=0)$$

$$\varphi_a = 180°,(k=1)$$

$$\varphi_a = 300°,(k=2)$$

(4) 实轴上的根轨迹区域

$(-1,0)$区域右边有一个极点,零极点总数为 1,故$(-1,0)$为实轴上的根轨迹区域;$(-\infty,-2)$区域右边有三个极点,零极点数总数为 3,故$(-\infty,-2)$也为实轴上的根轨迹区域。

(5) 分离点(汇合点)d

由开环传递函数可知

$$N(s) = 1 \quad \dot{N}(s) = 0$$

$$P(s) = s(s+1)(s+2) = s^3 + 3s^2 + 2s$$

$$\dot{P}(s) = 3s^2 + 6s + 2$$

由

$$\dot{N}(s)P(s) - N(s)\dot{P}(s) = 0$$

得

$$3s^2 + 6s + 2 = 0$$

解之

$$s_1 = d_1 = -0.423 \quad s_2 = d_2 = -1.577(舍去)$$

(6) 根轨迹与虚轴的交点

系统的闭环传递函数为

$$W_B(s) = \frac{K^*}{s(s+1)(s+2) + K^*} = \frac{K^*}{s^3 + 3s^2 + 2s + K^*}$$

系统闭环特征方程为

$$D(s) = s^3 + 3s^2 + 2s + K^* = 0$$

方法①　复数计算法

令 $s = j\omega$ 代入闭环特征方程 $D(s) = 0$,得

$$(j\omega)^3 + 3(j\omega)^2 + 2j\omega + K^* = 0$$

即

$$K^* - 3\omega^2 + (2\omega - \omega^3)j = 0$$

$$\begin{cases} K^* - 3\omega^2 = 0 \\ 2\omega - \omega^3 = 0 \end{cases}$$

解之

$$\begin{cases} \omega_1 = 0 \\ K_P^* = 0 \end{cases} (舍去) \quad 或 \begin{cases} \omega_{2,3} = \pm\sqrt{2} \\ K_P^* = 6 \end{cases}$$

$\begin{cases} \omega_1 = 0 \\ K_P^* = 0 \end{cases}$ 为根轨迹的起点,不是根轨迹与虚轴的交点,故舍去。得到根轨迹与虚轴的

交点为 $s = \pm j\sqrt{2}$,对应的根轨迹增益为 $K_P^* = 6$。

方法②　劳斯判据法

由系统闭环特征方程,列劳斯表如下:

s^3	1	2
s^2	3	K^*
s^1	$\dfrac{6-K^*}{3}$	
s^0	K^*	

令 s^1 行的系数全为 0,有

$$\frac{6-K^*}{3} = 0$$

解得

$$K_P^* = 6$$

解由 s^2 行系数构成的辅助方程

$$3s^2 + 6 = 0$$

得

$$s_{1,2} = \pm j\sqrt{2}$$

系统的根轨迹图,如图 4 - 13 所示。

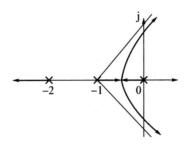

图 4‑13 根轨迹图

法则八 根轨迹的起始角与终止角

根轨迹离开开环复数极点处的切线与正实轴的夹角,称为起始角(或出射角),用 θ_{p_i} 表示;根轨迹进入开环复数零点处的切线与正实轴的夹角,称为终止角(或入射角),用 φ_{z_i} 表示。这些角度可按如下公式求出

$$\theta_{p_i} = (2k+1)\pi + \left(\sum_{j=1}^{m}\varphi_{z_jp_i} - \sum_{\substack{j=1\\(j\neq i)}}^{n}\theta_{p_jp_i}\right); k = 0, \pm1, \pm2, \cdots \qquad (4\text{-}39)$$

及

$$\varphi_{z_i} = (2k+1)\pi + \left(\sum_{j=1}^{n}\theta_{p_jz_i} - \sum_{\substack{j=1\\(j\neq i)}}^{m}\varphi_{z_jz_i}\right); k = 0, \pm1, \pm2, \cdots \qquad (4\text{-}40)$$

证明 设开环系统有 m 个有限零点,n 个有限极点。在十分靠近待求起始角(或终止角)的复数极点(或复数零点)的根轨迹上,取一点 s_1。由于 s_1 无限接近于待求起始角的复数极点 p_i(或终止角的复数零点 z_i),因此,除 p_i(或 z_i)外,所有开环零、极点到 s_1 点的向量相角 $\varphi_{z_js_1}$ 和 $\theta_{p_js_1}$,都可以用它们到 p_i(或 z_i)的向量相角 $\varphi_{z_jp_i}$(或 $\varphi_{z_jz_i}$)和 $\theta_{p_jp_i}$(或 $\theta_{p_jz_i}$)来代替,而 p_i(或 z_i)到 s_1 点的向量相角即为起始角 θ_{p_i}(或 φ_{z_i})。根据 s_1 点必满足相角条件,应有

$$\sum_{j=1}^{m}\varphi_{z_jp_i} - \sum_{\substack{j=1\\(j\neq i)}}^{n}\theta_{p_jp_i} - \theta_{p_i} = -(2k+1)\pi; k = 0, \pm1, \pm2, \cdots$$

$$\qquad\qquad (4\text{-}41)$$

$$\sum_{\substack{j=1\\(j\neq i)}}^{m}\varphi_{z_jz_i} + \varphi_{z_i} - \sum_{j=1}^{n}\theta_{p_jz_i} = (2k+1)\pi; k = 0, \pm1, \pm2, \cdots$$

移项后,立即得到式(4‑39)和式(4‑40)。应当指出,在根轨迹的相角条件中,$(2k+1)\pi$ 与 $-(2k+1)\pi$ 是等价的,所以为了便于计算起见,在上面最后两式的右端有的以 $-(2k+1)\pi$ 表示。

例 4‑8 已知某系统的开环零、极点的分布如图 4‑14 所示。已知零点:$z_1 = -1.5$;极点:$p_1 = -1+j$,$p_2 = -1-j$,$p_3 = 0$。试求开环复数极点 p_1 和 p_2 的起始角(或出射角)。

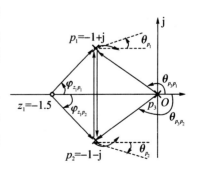

图 4‑14 系统开环零、极点分布图

解：$\varphi_{z_1 p_1} = \angle(p_1 - z_1) = \angle 0.5 + j = 63.4°$，$\theta_{p_2 p_1} = \angle(p_1 - p_2) = 90°$，$\theta_{p_3 p_1} = \angle(p_1 - p_3) = \angle -1 + j = 135°$。

故

$$\begin{aligned}
\theta_{p_1} &= (2k+1)\pi + \varphi_{z_1 p_1} - (\theta_{p_2 p_1} + \theta_{p_3 p_1}) \\
&= (2k+1)\pi + 63.4° - (90° + 135°) \\
&= (2k+1)\pi - 161.6°
\end{aligned}$$

取 $k=0$，则极点 p_1 的起始角为

$$\theta_{p_1} = 18.4°$$

$\varphi_{z_1 p_2} = \angle(p_2 - z_1) = \angle 0.5 - j = -63.4°$，$\theta_{p_1 p_2} = \angle(p_2 - p_1) = -90°$，$\theta_{p_3 p_2} = \angle(p_2 - p_3) = \angle -1 - j = -135°$。

故

$$\begin{aligned}
\theta_{p_2} &= (2k+1)\pi + \varphi_{z_1 p_2} - (\theta_{p_1 p_2} + \theta_{p_3 p_2}) \\
&= (2k+1)\pi - 63.4° - (-90° - 135°) \\
&= (2k+1)\pi + 161.6°
\end{aligned}$$

取 $k=0$，则 p_2 的起始角为

$$\theta_{p_2} = -18.4°$$

例 4-9 设某单位负反馈系统的开环传递函数为

$$W_K(s) = \frac{K^*}{s(s+3)(s^2+2s+2)}$$

试绘制 K^* 从 $0 \to \infty$ 变化时，闭环系统的概略根轨迹。

解：系统开环极点：$p_1 = 0$，$p_2 = -3$，$p_3 = -1+j$，$p_4 = -1-j$；开环无零点。

按下述步骤绘制概略根轨迹：

(1) $m=4$，$n=0$，根轨迹有四条分支。

(2) 四条根轨迹分别起始于开环四个极点：$p_1 = 0$，$p_2 = -3$，$p_3 = -1+j$ 和 $p_4 = -1-j$，四条根轨迹分别沿着渐近线的方向趋于无穷远处的零点。

(3) 渐近线

$$\sigma_a = \frac{\sum_{j=1}^{n} p_j - \sum_{i=1}^{m} z_i}{n-m} = \frac{0-3-1+j-1-j}{4-0} = -\frac{5}{4} = -1.25$$

$$\varphi_a = \frac{(2k+1)\pi}{n-m} = \frac{(2k+1)\pi}{4-0} = \frac{(2k+1)\pi}{4}$$

$$\varphi_a = 45°, (k=0)$$

$$\varphi_a = 135°, (k=1)$$

$$\varphi_a = 225°, (k=2)$$

$$\varphi_a = 315°, (k=3)$$

(4) 实轴上的根轨迹区域

$(-3,0)$区域右边有一个极点，零、极点总数为 1，故$(-3,0)$为实轴上的根轨迹区域。

(5) 分离点(汇合点)d

由开环传递函数，可知

$$N(s) = 1 \quad \dot{N}(s) = 0$$

$$P(s) = s(s+3)(s^2 + 2s + 2)$$

$$\dot{P}(s) = s^3 + 3.75s^2 + 4s + 1.5$$

由

$$\dot{N}(s)P(s) - N(s)\dot{P}(s) = 0$$

得

$$s^3 + 3.75s^2 + 4s + 1.5 = 0$$

解之

$$s_1 = d_1 = -2.3 \quad s_{2,3} = d_{2,3} = -0.92 \pm j0.37 (舍去)$$

(6) 根轨迹与虚轴的交点

系统的闭环传递函数为

$$W_B(s) = \frac{K^*}{s(s+3)(s^2 + 2s + 2) + K^*} = \frac{K^*}{s^4 + 5s^3 + 8s^2 + 6s + K^*}$$

系统闭环特征方程为

$$D(s) = s^4 + 5s^3 + 8s^2 + 6s + K^* = 0$$

由系统闭环特征方程，列劳斯表如下：

s^4	1	8	K^*
s^3	5	6	
s^2	$\dfrac{34}{5}$	K^*	
s^1	$\dfrac{204 - 25K^*}{34}$		
s^0	K^*		

令 s^1 行的系数全为 0，有

$$\frac{204 - 25K^*}{34} = 0$$

解得

$$K_P^* = 8.16$$

解由 s^2 行系数构成的辅助方程

$$\frac{34}{5}s^2 + 8.16 = 0$$

得

$$s_{1,2} = \pm j1.1$$

（7）出射角

$$
\begin{aligned}
\theta_{p_3} &= (2k+1)\pi - (\theta_{p_1 p_3} + \theta_{p_2 p_3} + \theta_{p_4 p_3}) \\
&= (2k+1)\pi - (135° + 26.6° + 90°) \\
&= (2k+1)\pi - 251.6°
\end{aligned}
$$

取 $k=0$，则极点 p_3 的起始角为

$$\theta_{p_3} = -71.6°$$

由根轨迹的对称性可知，极点 p_4 的起始角为

$$\theta_{p_4} = 71.6°$$

系统的根轨迹图，如图 4-15 所示。

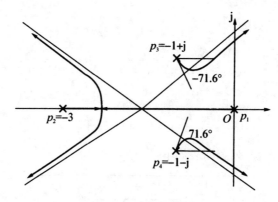

图 4-15 根轨迹图

法则九　根之和与根之积

设系统的开环传递函数为

$$
W_K(s) = K^* \frac{\prod\limits_{i=1}^{m}(s - z_i)}{\prod\limits_{j=1}^{n}(s - p_j)} = K^* \frac{s^m + b_1 s^{m-1} + \cdots + b_{m-1}s + b_m}{s^n + a_1 s^{n-1} + \cdots + a_{n-1}s + a_n} \tag{4-42}
$$

由式（4-42）可知

$$b_1 = \sum_{i=1}^{m}(-z_i)$$

$$b_m = \prod_{i=1}^{m}(-z_i)$$

$$a_1 = \sum_{j=1}^{n}(-p_j)$$

$$a_n = \prod_{j=1}^{n}(-p_j) \tag{4-43}$$

系统的闭环特征方程可表示为

$$
\begin{aligned}
D(s) &= \prod_{j=1}^{n}(s-p_j) + K^* \prod_{i=1}^{m}(s-z_i) \\
&= s^n + a_1 s^{n-1} + \cdots + a_{n-1}s + a_n + K^*(s^m + b_1 s^{m-1} + \cdots + b_{m-1}s + b_m) = 0
\end{aligned} \tag{4-44}
$$

设系统的 n 个闭环极点分别为 $s_1, s_2, \cdots, s_n$,则闭环特征方程也可以写为

$$D(s) = (s-s_1)(s-s_2)\cdots(s-s_n) = s^n + \sum_{j=1}^{n}(-s_j)s^{n-1} + \cdots + \prod_{j=1}^{n}(-s_j) = 0 \tag{4-45}$$

对比式(4-44)和(4-45),并结合式(4-43)可得以下结论:

(1) 当 $n-m \geqslant 2$ 时,闭环特征方程中 s^{n-1} 项的系数与 K^* 无关,无论 K^* 取何值,所有闭环极点之和总是等于所有开环极点之和,且为常数。即

$$\sum_{j=1}^{n}s_j = \sum_{j=1}^{n}p_j = a \tag{4-46}$$

(2) 所有闭环极点之积与所有开环零点之积和所有开环极点之积存在如下关系:

$$\prod_{j=1}^{n}s_j = \prod_{j=1}^{n}p_j + K^* \prod_{i=1}^{m}z_i \tag{4-47}$$

综上,当 $n-m \geqslant 2$ 时,根之和与 K^* 无关,是一个常数。这样,当开环增益 K 增大时,若闭环某些根在 s 平面上向左移动,则另一部分根必向右移动,使其根之和保持不变。此法则对判断根轨迹的走向是很有用的,另外也可以根据此法则确定出闭环极点。

例 4-10　在前面例 4-7 中,已求得根轨迹与虚轴的两个交点:$\pm\sqrt{2}\mathrm{j}$,即为 $K^* = 6$ 时的两个闭环极点,求 $K^* = 6$ 时的第三个闭环极点 s_3。

解:由法则九,根之积和根之和的关系可知,所有闭环极点之和总是等于所有开环极点之和。则有

$$\sqrt{2}\mathrm{j} - \sqrt{2}\mathrm{j} + s_3 = 0 - 1 - 2$$

故

$$s_3 = -3$$

图 4-16 画出了常见的开环零、极点分布及其对应的概略根轨迹图。

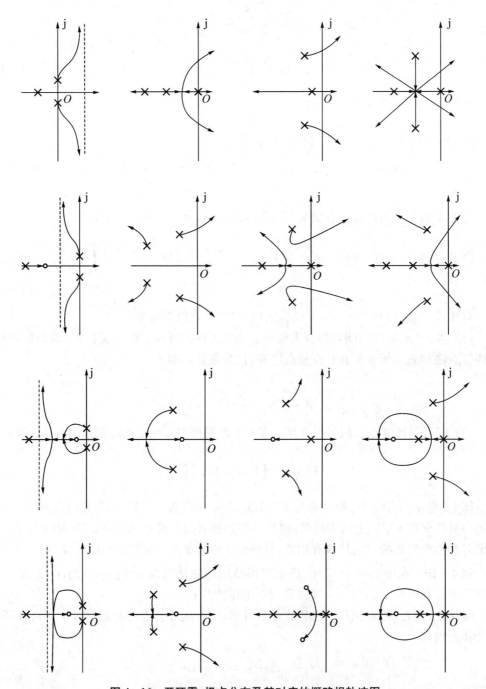

图 4-16　开环零、极点分布及其对应的概略根轨迹图

4.3　广义根轨迹

如前所述,在控制系统中,除了开环增益 K(或根轨迹增益 K^*)为可变参数外,开环传递函数中其他任何参数(如开环某一零点或零点等)可变情况下的根轨迹统称为广义根轨迹或参数根轨迹;当变化的参数为开环增益 K(或根轨迹增益 K^*)时,所对应的根轨

迹称为常规根轨迹。若引入等效开环传递函数的概念,则广义根轨迹的绘制方法与常规根轨迹绘制方法完全相同。此外,本节将零度根轨迹也列入广义根轨迹的范畴,并通过例题阐述广义根轨迹的绘制方法。

4.3.1　参数根轨迹

引入等效开环传递函数的概念,则广义根轨迹的绘制方法与常规根轨迹绘制方法完全相同。

例 4 - 11　已知某电机系统结构图如图 4 - 17 所示,图中参数 K_t 为测速反馈系数。试绘制 K_t 从 $0 \rightarrow \infty$ 变化时的根轨迹。

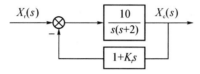

图 4 - 17　某电机系统结构图

解: 由系统结构图可得系统开环传递函数为

$$W_K(s) = \frac{10(1+K_t s)}{s(s+2)}$$

由开环传递函数可以看出,参数 K_t 并不是系统的开环增益,故上一小节的根轨迹绘制法则不能直接使用。但只要对闭环系统的特征方程式进行适当的变换,可以得到一个等效的开环传递函数,使得 K_t 称为等效开环传递函数的开环增益,那么,就将广义根轨迹转化为常规根轨迹,按照常规根轨迹绘制方法进行绘制。

原系统闭环特征方程为

$$s^2 + 2s + 10K_t s + 10 = 0$$

用不含有 K_t 的各项去除特征方程,得

$$1 + \frac{10K_t s}{s^2 + 2s + 10} = 0$$

令

$$W_{K1}(s) = \frac{10K_t s}{s^2 + 2s + 10}$$

$W_{K1}(s)$ 即为等效系统的开环传递函数,用 $W_{K1}(s)$ 构造一个新系统,如图 4 - 18 所示,新系统与原系统具有相同的闭环特征方程,而新系统的开环增益恰好为原系统的参数 K_t。

根据 $W_{K1}(s)$ 的零、极点分布,可以作出当 K_t 从 $0 \rightarrow \infty$ 变化时的根轨迹,如图 4 - 19 所示,它也是原系统测速反馈系数 K_t 变化的根轨迹图。

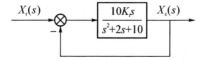

图 4 - 18　等效系统的结构图

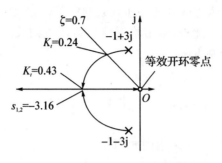

图 4 - 19　参数 K_t 变化时的根轨迹

接下来,进一步说明"等效"的概念,由图 4 - 17 可知,原系统的闭环传递函数为

$$W_B(s) = \frac{10}{s^2 + 2s + 10 + 10K_t s}$$

由图 4 - 18 可知,等效新系统的闭环传递函数为

$$W_{B_1}(s) = \frac{10K_t s}{s^2 + 2s + 10 + 10K_t s}$$

比较 $W_B(s)$ 和 $W_{B_1}(s)$ 可知,它们具有相同的分母,即具有相同的闭环特征根(闭环极点),而分子不同。故通过等效开环传递函数绘制的根轨迹,只能确定系统的闭环特征根(闭环极点),等效的概念仅在于此。若要分析系统的动态性能,还需要确定系统的闭环零点。需要指出的是,闭环零点仍然要用原系统的闭环零点。本例中原系统无闭环零点。

下面可以分析参数 K_t 变化对系统性能的影响。由图 4 - 19 可知,当 K_t 较小时,闭环的一对共轭复数极点离虚轴很近,系统阶跃响应的超调量较大,振荡较强,这是因为 K_t 较小时,系统的速度反馈信号很弱,阻尼程度不够。当 K_t 加大时,系统阻尼加强,振荡减弱,超调量减小,性能得到改善。而当 $K_t > 0.43$ 时,闭环极点为两个不相等的负实根,系统处于过阻尼状态,阶跃响应具有非周期性。

4.3.2　零度根轨迹

负反馈是自动控制系统的一个重要特征。但对于某些复杂系统,可能会遇到带有正反馈的内回路,如图 4 - 20 所示,这种局部正反馈的结构,可能是控制对象本身的特征,也可能是为满足系统的某种性能要求而在设计系统时附加的。一般来讲,这种具有局部正反馈的内回路是不稳定的,整个系统必须通过外回路加以稳定。为了分析系统的性能,首先要确定内回路的零、极点,当用根轨迹法确定内回路的零、极点时,就相当于绘制正反馈系统的根轨迹。

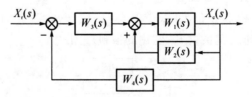

图 4 - 20　局部正反馈系统结构图

现讨论如何绘制正反馈系统的根轨迹。对于如图 4‑21 所示的正反馈控制系统,其开环传递函数为

$$W_K(s) = W_1(s)W_2(s)$$

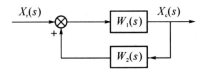

图 4‑21　正反馈控制系统

系统闭环传递函数为

$$W_B(s) = \frac{W_1(s)}{1 - W_1(s)W_2(s)}$$

系统闭环特征方程为

$$D(s) = 1 - W_1(s)W_2(s) = 0 \tag{4-48}$$

即

$$W_K(s) = W_1(s)W_2(s) = 1 \tag{4-49}$$

式(4‑49)为正反馈系统的根轨迹方程,令系统开环传递函数为

$$W_K(s) = W_1(s)W_2(s) = K^* \frac{\displaystyle\prod_{i=1}^{m}(s - z_i)}{\displaystyle\prod_{j=1}^{n}(s - p_j)}$$

则正反馈系统根轨迹方程为

$$W_K(s) = K^* \frac{\displaystyle\prod_{i=1}^{m}(s - z_i)}{\displaystyle\prod_{j=1}^{n}(s - p_j)} = 1 \tag{4-50}$$

正反馈系统根轨迹方程相应的模值方程和相角方程为

$$\left| K^* \frac{\displaystyle\prod_{i=1}^{m}(s - z_i)}{\displaystyle\prod_{j=1}^{n}(s - p_j)} \right| = K^* \frac{\displaystyle\prod_{i=1}^{m} |s - z_i|}{\displaystyle\prod_{j=1}^{n} |s - p_j|} = 1 \tag{4-51}$$

和

$$\sum_{i=1}^{m} \angle(s - z_i) - \sum_{j=1}^{n} \angle(s - p_j) = 2k\pi; k = 0, \pm 1, \pm 2, \cdots \tag{4-52}$$

通过将式(4‑18)与式(4‑51)、式(4‑19)与式(4‑52)对比,可以看出负反馈与正反馈系统根轨迹方程的模值方程相同,但相角方程不同。通常将满足相角方程式(4‑52)

的根轨迹称为 $0°$ 根轨迹。

综上,再次验证相角方程是确定根轨迹的充分必要条件,而模值方程只是必要条件。

由于 $0°$ 根轨迹和 $180°$ 根轨迹的模值方程完全相同,故在绘制 $0°$ 根轨迹时,只需要对 $180°$ 根轨迹绘制法则中与相角方程有关的法则作相应的修改,其他法则不变。需要修改的法则如下:

(1)渐近线与正实轴的夹角,应修改为

$$\varphi_a = \frac{2k\pi}{n-m} \quad k = 0,1,2,\cdots,n-m-1 \qquad (4-53)$$

(2)实轴上的根轨迹。实轴上的某一区域,若其右边开环实数零、极点个数之和为偶数,则该区域必是根轨迹。注意,第一个零、极点右边的实轴也是根轨迹区域。

(3)根轨迹的出射角和入射角,应修改为

$$\theta_{p_i} = 2k\pi + \left(\sum_{j=1}^{m} \varphi_{z_j p_i} - \sum_{\substack{j=1 \\ (j \neq i)}}^{n} \theta_{p_j p_i} \right); k = 0, \pm 1, \pm 2, \cdots \qquad (4-54)$$

及

$$\varphi_{z_i} = 2k\pi + \left(\sum_{j=1}^{n} \theta_{p_j z_i} - \sum_{\substack{j=1 \\ (j \neq i)}}^{m} \varphi_{z_j z_i} \right); k = 0, \pm 1, \pm 2, \cdots \qquad (4-55)$$

例 4‐12 将例 4‐7 的负反馈系统改为正反馈系统,试绘制闭环根轨迹图。

解:系统开环传递函数为

$$W_K(s) = \frac{K^*}{s(s+1)(s+2)}$$

系统的根轨迹方程为

$$W_K(s) = \frac{K^*}{s(s+1)(s+2)} = 1$$

系统的根轨迹按照 $0°$ 根轨迹的绘制法则进行绘制。

(1) $m=3, n=0$,根轨迹有三条分支。

(2)三条根轨迹分别起始于开环极点 $p_1=0$、$p_2=-1$ 和 $p_3=-2$,三条根轨迹分别沿着渐近线的方向趋于无穷远处的零点。

(3)渐近线

$$\sigma_a = \frac{\sum_{j=1}^{n} p_j - \sum_{i=1}^{m} z_i}{n-m} = \frac{0-1-2}{3-0} = -1$$

$$\varphi_a = \frac{2k\pi}{n-m} = \frac{2k\pi}{3-0} = \frac{2k\pi}{3}$$

$$\varphi_a = 0°, (k=0)$$

$$\varphi_a = 120°, (k=1)$$

$$\varphi_a = -120°, (k=2)$$

（4）实轴上的根轨迹区域

$(-2,-1)$区域右边有两个极点，零极点总数为2，故$(-2,-1)$为实轴上的根轨迹区域；$(0,\infty)$也为实轴上的根轨迹区域。

（5）分离点（汇合点）d

由开环传递函数，可知

$$N(s)=1 \quad \dot{N}(s)=0$$

$$P(s)=s(s+1)(s+2)=s^3+3s^2+2s$$

$$\dot{P}(s)=3s^2+6s+2$$

由

$$\dot{N}(s)P(s)-N(s)\dot{P}(s)=0$$

得

$$3s^2+6s+2=0$$

解之

$$s_1=d_1=-0.423 \quad s_2=d_2=-1.577$$

显然，$s_1=d_1=-0.423$不在根轨迹上，故应当舍去。所以系统仅有一个分离点（汇合点）$s_2=d_2=-1.577$。

系统的根轨迹图，如图4-22所示。

需要强调的是，系统的根轨迹究竟是$0°$根轨迹还是$180°$根轨迹，并不是取决于系统的结构是正反馈还是负反馈，而是取决于其标准的根轨迹方程的形式。若系统标准的根轨迹方程为式（4-14）的形式，则对应的根轨迹为$180°$根轨迹；若系统标准的根轨迹方程为式（4-50）的形式，则对应的根轨迹为$0°$根轨迹。例如，对于某些采用负反馈结构的非最小相位系统，其根轨迹可能是$0°$根轨迹。

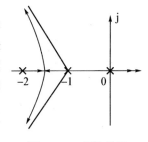

图4-22 根轨迹图

所谓非最小相位系统，就是在s平面的右半平面具有开环极点或零点的系统。反之，如果系统所有的开环极点和零点都位于s平面的左半平面，则称为最小相位系统。前面曾分析过的系统均属于最小相位系统。

例4-13 设负反馈系统的开环传递函数为

（1）$W_K(s)=\dfrac{K^*(s-1)}{s(s+2)(s+3)}$；

（2）$W_K(s)=\dfrac{K^*(1-s)}{s(s+2)(s+3)}$，

试确定系统根轨迹的类型。

解：系统（1）和（2）都在s平面右半平面有一个开环零点：$z=1$。故系统均属于非最小相位系统。

对于系统（1），其闭环特征方程为

$$D(s) = 1 + W_K(s) = 1 + \frac{K^*(s-1)}{s(s+2)(s+3)} = 0$$

则其根轨迹方程为

$$\frac{K^*(s-1)}{s(s+2)(s+3)} = -1$$

满足式(4-14)的形式,故系统的根轨迹为180°根轨迹。

对于系统(2),其闭环特征方程为

$$D(s) = 1 + W_K(s) = 1 + \frac{K^*(1-s)}{s(s+2)(s+3)} = 0$$

则其根轨迹方程为

$$\frac{K^*(1-s)}{s(s+2)(s+3)} = -1$$

即

$$\frac{K^*(s-1)}{s(s+2)(s+3)} = 1$$

满足式(4-50)的形式,故系统的根轨迹为0°根轨迹。

4.4 控制系统的根轨迹分析

绘制系统根轨迹的目的是为了分析和综合控制系统。当系统的根轨迹已知时,可以迅速确定出系统在某一可变参数值时的闭环传递函数,即可得到闭环零、极点的位置。根据已知的闭环零、极点分布,就可以定性地分析和定量地估算系统的性能。

4.4.1 用闭环零、极点表示的阶跃响应解析式

设一个 n 阶系统的闭环传递函数为

$$W_B(s) = \frac{X_c(s)}{X_r(s)} = \frac{b_0 s^m + b_1 s^{m-1} + \cdots + b_{m-1}s + b_m}{a_0 s^n + a_1 s^{n-1} + \cdots + a_{n-1}s + a_n} = \frac{K^* \prod_{i=1}^{m}(s-z_i)}{\prod_{i=1}^{n}(s-s_i)} \quad (4-56)$$

式(4-56)中,z_i 为闭环零点;s_i 为闭环极点。

若给系统外加单位阶跃信号,即

$$x_r(t) = 1(t)$$

则

$$X_r(s) = \frac{1}{s}$$

那么

$$X_c(s) = W_B(s)X_r(s) = \frac{K^* \prod\limits_{i=1}^{m}(s-z_i)}{\prod\limits_{i=1}^{n}(s-s_i)} \cdot \frac{1}{s} \tag{4-57}$$

若闭环传递函数 $W_B(s)$ 无重极点,可将式(4-57)分解成部分分式的形式,得

$$X_c(s) = \frac{A_0}{s} + \frac{A_1}{s-s_1} + \cdots + \frac{A_n}{s-s_n} = \frac{A_0}{s} + \sum_{k=1}^{n}\frac{A_k}{s-s_k} \tag{4-58}$$

式(4-58)中,

$$A_0 = \frac{K^* \prod\limits_{i=1}^{m}(s-z_i)}{\prod\limits_{i=1}^{n}(s-s_i)}\Bigg|_{s=0} = \frac{K^* \prod\limits_{i=1}^{m}(-z_i)}{\prod\limits_{i=1}^{n}(-s_i)} \tag{4-59}$$

$$A_k = \frac{K^* \prod\limits_{i=1}^{m}(s-z_i)}{s\prod\limits_{\substack{i=1 \\ i\neq k}}^{n}(s-s_i)}\Bigg|_{s=s_k} = \frac{K^* \prod\limits_{i=1}^{m}(s_k-z_i)}{s_k\prod\limits_{\substack{i=1 \\ i\neq k}}^{n}(s_k-s_i)} \tag{4-60}$$

经过反拉氏变换可以求出系统的单位阶跃响应

$$x_c(t) = A_0 + \sum_{k=1}^{n}A_k e^{s_k t} \tag{4-61}$$

由式(4-61)可以看出,系统的单位阶跃响应由闭环极点 s_k 以及系数 A_k 决定,而 A_k 也与闭环零、极点分布有关。

4.4.2 闭环零、极点分布与阶跃响应的定性关系

一个控制系统总是希望它的输出量尽可能复现输入量,通过以上分析,可得到闭环零、极点的分布对系统性能影响的一般规律如下:

(1) 稳定性

要求系统稳定,则必须使所有闭环极点 s_i 都位于 s 平面的左半平面,故要求系统的根轨迹都位于 s 平面的左半平面。若系统的根轨迹在 s 平面的右半平面有分布,则系统最多是条件稳定系统。系统稳定性与闭环零点 z_i 的分布无关。

(2) 快速性

在系统稳定的前提下,要求系统快速性好,应使 $x_c(t)$ 的每个分量 $e^{s_k t}$ 衰减得快,即闭环极点 $s_i = \sigma + j\omega$ 应远离虚轴,即 $|\sigma|$ 应大些。

(3) 平稳性

系统响应的平稳性由阶跃响应的超调量来衡量。要使系统的平稳性好,闭环复数极点的阻尼角应尽可能小,复数极点最好设置在 s 平面中与负实轴成 $\pm 45°$ 夹角附近。由二阶系统的分析可知,共轭复数极点位于 $\pm 45°$ 线上,对应的阻尼比($\zeta = 0.707$)为最佳阻尼比,这时系统的平稳性与快速性都较理想。超过 $45°$ 线,则阻尼比减小,振荡性加剧。

(4) 要求动态过程尽快消失,则要求系数 A_k 要小,因为 A_k 小,对应的暂态分量小。由式(4-60)可知

$$A_k = \frac{K^* \prod\limits_{i=1}^{m} (s_k - z_i)}{s_k \prod\limits_{\substack{i=1 \\ i \neq k}}^{n} (s_k - s_i)}$$

故应使分母大,分子小。从而看出,闭环极点之间的间距$(s_k - s_i)$要大;零点z_i应靠近极点s_k。

由于零点的个数总是少于极点的个数,故零点应该靠近离虚轴近的极点。因为离虚轴最近的极点所对应的暂态分量$A_k e^{s_k t}$衰减最慢,对系统的动态过程起着决定作用,如能使某一零点靠近甚至等于极点s_k,则系数A_k的值将会很小甚至等于零,该$A_k e^{s_k t}$分量对动态过程的影响就可忽略不计,从而对动态过程起决定作用的极点让位于离虚轴次近的极点,使系统的快速性有所提高。

4.4.3 主导极点与偶极子的概念

离虚轴最近且附近没有闭环零点的一些闭环极点(复数极点或实数极点)对系统的动态过程性能影响最大,起着主要的决定性作用,称它们为主导极点。一般来说,其他极点的实部比主导极点的实部大 6 倍以上时,则那些闭环极点可以忽略。有时甚至比主导极点的实部大 2～3 倍的极点也可忽略不计。

工程上往往只用主导极点估算系统的动态性能,从而将高阶系统近似成二阶系统或一阶系统。此外,将一对靠得很近的闭环零、极点称为偶极子。工程上当某极点s_k与某零点z_i之间的距离,比它们到虚轴的距离小一个数量级时,就可认为这一对零、极点为偶极子。当一对零、极点构成偶极子,又不十分靠近原点时,则对应的分量$A_k e^{s_k t}$很小,而且衰减也较快,故它们对系统动态过程的影响即可忽略不计。偶极子的概念对控制系统的综合设计是很有用的,可以有目的地在系统中加入适当的零点,以抵消对系统动态性能影响较大的不利极点,使系统的性能得到改善。

4.4.4 利用主导极点估算系统性能

根轨迹法和时域法的实质是一样的,都是用来分析系统的性能。但是根轨迹法采用的是图解的方法,与时域法相比较,它避免了繁琐的数学运算,又能看出参数变化对系统性能的影响,用于控制系统的分析和设计十分方便。更重要的是,对于具有主导极点的高阶系统,可以利用主导极点将系统近似看作一、二阶系统,直接利用第三章中计算性能指标公式,使得系统分析更加简便。因此,根轨迹法常作为一种近似的分析方法,特别适用于工程应用。下面将举例说明如何应用主导极点来分析系统的性能。

例 4-14 已知某系统闭环传递函数为

$$W_B(s) = \frac{1}{(0.67s+1)(0.01s^2 + 0.08s + 1)}$$

试近似计算系统的动态性能指标$\sigma\%$和t_s。

解: 该系统为三阶系统,闭环有三个极点,分别为:$s_1 = -1.5$,$s_{2,3} = -4 \pm j9.2$,闭环无零点。闭环系统零、极点分布如图 4-23 所示。

极点s_1离虚轴最近,所以s_1为系统的主导极点,而其他两个极点可忽略不计。这时系统可看作一阶系统,其传递函数为

$$W(s) = \frac{1}{0.67s+1}$$

其中，$T=0.67$ s。

根据一阶系统的时域分析可知：

一阶系统无超调 $\sigma\% = 0$；调节时间 $t_s = 3T = 3 \times 0.67 = 2.01$ s。

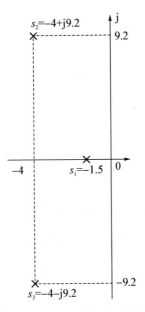

图 4-23　闭环零、极点分布图

例 4-15　已知某系统闭环传递函数为

$$W_B(s) = \frac{0.59s+1}{(0.67s+1)(0.01s^2+0.08s+1)}$$

试近似计算系统的动态性能指标 $\sigma\%$ 和 t_s。

解：闭环有三个极点，分别为：$s_1 = -1.5$，$s_{2,3} = -4 \pm j9.2$，闭环有一个零点：$z_1 = -1.7$。闭环系统零、极点分布如图 4-24 所示。

极点 s_1 和零点 z_1 构成偶极子，故 s_1 不是系统的主导极点，$s_{2,3}$ 是系统的主导极点，系统可近似为二阶系统，其传递函数为

$$W(s) = \frac{1}{0.01s^2+0.08s+1}$$

系统阻尼比为 $\zeta = 0.4$，角频率 $\omega_n = 10$ rad/s。

根据二阶系统的时域分析可知：

超调量 $\sigma\% = e^{-\pi\zeta/\sqrt{1-\zeta^2}} \times 100\% = 25\%$；调节时间 $t_s = \dfrac{3}{\zeta\omega_n} = 0.75$ s。

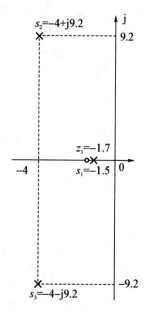

图 4 - 24　闭环零、极点分布图

例 4 - 16　已知某单位负反馈系统的开环传递函数为

$$W_K(s) = \frac{K}{s(s+1)(0.5s+1)}$$

试用根轨迹法分析系统的稳定性，并计算闭环主导极点具有阻尼比 $\zeta = 0.5$ 时的系统动态性能指标。

解：将系统开环传递函数写成零、极点形式，有

$$W_K(s) = \frac{2K}{s(s+1)(s+2)} = \frac{K^*}{s(s+1)(s+2)}$$

式中，$K^* = 2K$。

(1) 绘制根轨迹图。例 4 - 7 已经绘制其根轨迹，如图 4 - 25 所示。

(2) 分析系统的稳定性。由根轨迹图可知，当开环增益 $K>3(K^*>6)$ 时，根轨迹将有两条分支伸向右半 s 平面，这时闭环系统有一对具有正实部的共轭复数根，系统不稳定。故要使系统稳定，开环增益的取值范围为：$0<K<3$。

(3) 根据阻尼比的要求，确定闭环主导极点 s_1 和 s_2 的位置。

首先，在 s 平面上作出 $\zeta = 0.5$ 时的阻尼线，使其与负实轴的夹角 $\beta = \arccos\zeta = \arccos 0.5 = 60°$。阻尼线与根轨迹的交点为 s_1，由根轨迹上可测得 $s_1 = -0.33 + j0.58$，与 s_1 共轭的复数极点 $s_2 = -0.33 - j0.58$。利用模值方程可求出 s_1 点对应的开环增益 K。

$$K^* = |s_1 - p_1||s_1 - p_2||s_1 - p_3| = 0.66 \times 0.88 \times 1.76 = 1.02$$

故

$$K = \frac{K^*}{2} = 0.51$$

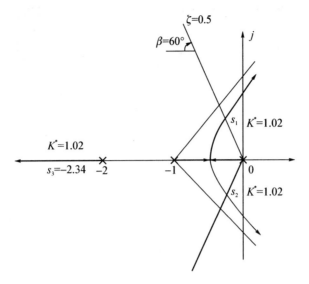

图 4 – 25　根轨迹图

下面确定除了 $s_{1,2}$ 极点以外的第三个极点的位置。

系统闭环特征方程为

$$D(s) = s^3 + 3s^2 + 2s + K^* = 0$$

已知 $K^* = 1.02$，$s_{1,2} = -0.33 \pm \mathrm{j}0.58$，用综合除法可求出第三个极点 $s_3 = -2.34$。
因为 $2.34/0.33 = 7.1$，即 s_3 离虚轴的距离是 $s_{1,2}$ 离虚轴距离的 7 倍，所以认为 $s_{1,2}$ 是主导极点。这样，系统可近似为二阶系统，即

$$W_{\mathrm{B}}(s) = \frac{0.445}{s^2 + 0.667s + 0.445}$$

其中，系统阻尼比为 $\zeta = 0.5$，角频率 $\omega_n = 0.66\ \mathrm{rad/s}$。

根据二阶系统的时域分析可知：

超调量 $\sigma\% = \mathrm{e}^{-\pi\zeta/\sqrt{1-\zeta^2}} \times 100\% = 16.3\%$；

峰值时间 $t_{\mathrm{p}} = \dfrac{\pi}{\omega_n \sqrt{1-\zeta^2}} = 5.5\ \mathrm{s}$；

调节时间 $t_{\mathrm{s}} = \dfrac{3}{\zeta\omega_n} = 9.1\ \mathrm{s}$。

对于没有主导极点的高阶系统，用根轨迹法分析和设计就十分不便。但随着计算机技术的发展，不仅可以用计算机绘制根轨迹图，还可以用计算机对系统进行辅助分析和设计，弥补了根轨迹法的不足。

习　题

4.1　已知单位负反馈系统的开环传递函数为

$$W_{\mathrm{K}}(s) = \frac{K^*}{s+1}$$

试判断下列点是否是根轨迹上的点。若是根轨迹上的点,求出其对应的 K^* 值。
$(-2,0),(0,1),(-3,2)$

4.2　设系统的开环零、极点分布如图 4-26 所示,试粗略绘制出相应闭环系统的根轨迹图。

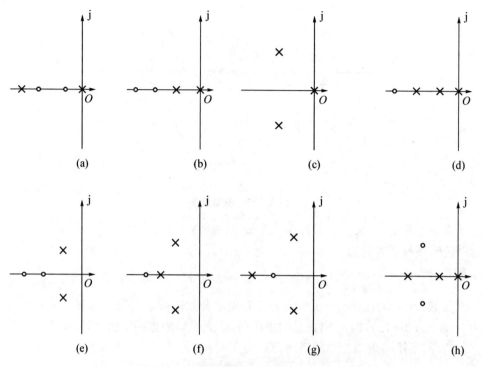

图 4-26　系统开环零、极点分布图

4.3　设单位负反馈系统的开环传递函数如下,试概略绘制出相应的闭环根轨迹图(要求确定出分离点 d 坐标)。

(1) $W_K(s)=\dfrac{K}{s(0.2s+1)(0.5s+1)}$;

(2) $W_K(s)=\dfrac{K(s+1)}{s(2s+1)}$;

(3) $W_K(s)=\dfrac{K^*(s+5)}{s(s+2)(s+3)}$。

4.4　设单位负反馈系统的开环传递函数如下,试概略绘制出相应的根轨迹图(要求确定出射角 θ_{p_i})。

(1) $W_K(s)=\dfrac{K^*(s+2)}{(s+1+j2)(s+1-j2)}$;

(2) $W_K(s)=\dfrac{K^*(s+20)}{(s+10+j10)(s+10-j10)}$。

4.5　设单位负反馈系统的开环传递函数如下,要求:

(1) 确定 $W_K(s)=\dfrac{K^*}{s(s+1)(s+10)}$ 产生纯虚根的开环增益 K;

(2) 确定 $W_K(s)=\dfrac{K^*(s+z)}{s^2(s+10)(s+20)}$ 产生纯虚根为 $\pm j1$ 的 z 值和 K^* 值;

(3) 概略绘出 $W_K(s) = \dfrac{K^*}{s(s+1)(s+3.5)(s^2+6s+13)}$ 的闭环根轨迹图（要求确定根轨迹的分离点、出射角、与虚轴的交点）。

4.6　已知单位负反馈系统的开环传递函数为

$$W_K(s) = \frac{20}{(s+4)(s+b)}$$

试绘制参数 b 从 0 变化到 ∞ 时的闭环根轨迹，并写出 $b=2$ 时的系统闭环传递函数。

4.7　单位正反馈系统的传递函数为

$$W_K(s) = \frac{K(s+2)}{(s+4)(s+6)}$$

绘制该系统的根轨迹图。

4.8　设单位负反馈控制系统的开环传递函数为

$$W_K(s) = \frac{K^*(s+2)}{s(s+1)(s+3)}$$

(1) 绘制 K^* 从 $0 \to \infty$ 的闭环根轨迹图；

(2) 求当 $\zeta = 0.5$ 时闭环的一对主导极点，并求其相应的 K^* 值。

第五章　自动控制系统频域分析

时域分析法具有直观、准确的优点。如果描述系统的微分方程是一阶或二阶的,求解后可利用时域指标直接评估系统的性能。然而在实际中大部分系统往往都是高阶的,要建立和求解高阶系统的微分方程比较困难。另外,系统的时间响应没有明确反映出系统响应与系统结构、参数之间的关系,一旦系统不能满足控制要求,就很难确定如何去调整系统的结构和参数。

本章介绍的频域分析法,可以弥补时域分析法的不足。因为频域法是基于频率特性或频率响应对系统进行分析和设计的一种图解方法,故其与时域分析法相比有较多的优点。首先,只要求出系统的开环频率特性,就可以判断闭环系统是否稳定。其次,由系统的频率特性所确定的频域指标与系统的时域指标之间存在着一定的对应关系,而系统的频率特性又很容易和它的结构、参数联系起来。因而可以根据频率特性曲线的形状去选择系统的结构和参数,使之满足时域指标的要求。因此,频率法得到了广泛的应用,它也是经典控制理论中的重点内容。

5.1　频率特性

5.1.1　频率响应

频率响应是时间响应的特例,是控制系统对正弦输入信号的稳态正弦响应。即一个稳定的线性定常系统,在正弦信号的作用下,稳态时输出仍是一个与输入同频率的正弦信号,且稳态输出的幅值与相位是输入正弦信号频率的函数。

下面用一个简单的实例来说明频率响应的概念:

如图 5-1 所示的一阶 RC 网络,$u_r(t)$ 和 $u_c(t)$ 分别为 RC 网络的输入和输出信号,其传递函数为:

$$W(s) = \frac{U_c(s)}{U_r(s)} = \frac{1}{Ts+1} \tag{5-1}$$

其中,$T=RC$ 为电路的时间常数,单位为 s。

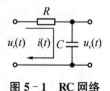

图 5-1　RC 网络

在零初始条件下，当输入信号为一正弦信号时，即

$$u_r(t) = A\sin\omega t$$

则

$$U_r(s) = A\frac{\omega}{s^2 + \omega^2}$$

输出的拉氏变换为

$$
\begin{aligned}
U_c(s) = W(s)U_r(s) &= \frac{1}{Ts+1} \cdot \frac{A\omega}{s^2+\omega^2} = \frac{(1+\omega^2 T^2)A\omega}{(1+\omega^2 T^2)(Ts+1)(s^2+\omega^2)} \\
&= \frac{A\omega T^2}{1+\omega^2 T^2} \cdot \frac{1}{Ts+1} + \frac{A\omega}{1+\omega^2 T^2} \cdot \frac{-Ts+1}{s^2+\omega^2} \\
&= \frac{A\omega T}{1+\omega^2 T^2} \cdot \frac{1}{s+\frac{1}{T}} + \frac{A}{1+\omega^2 T^2} \cdot \frac{\omega}{s^2+\omega^2} - \frac{A\omega T}{1+\omega^2 T^2} \cdot \frac{s}{s^2+\omega^2}
\end{aligned}
$$

对上式进行拉普拉斯反变换可得输出的时域表达式：

$$
\begin{aligned}
u_c(t) &= \frac{A\omega T}{1+\omega^2 T^2}e^{-\frac{t}{T}} + \frac{A}{1+\omega^2 T^2}\sin\omega t - \frac{A\omega T}{1+\omega^2 T^2}\cos\omega t \\
&= \frac{A\omega T}{1+\omega^2 T^2}e^{-\frac{t}{T}} + \frac{A}{\sqrt{1+\omega^2 T^2}}\sin(\omega t - \arctan\omega T) \qquad (5-2)
\end{aligned}
$$

式(5-2)中的第一项为暂态分量，第二项为稳态分量。当 $t\to\infty$ 时，暂态分量为 0，这时 RC 网络的稳态输出为

$$u_c(t)\Big|_{t\to\infty} = \frac{A}{\sqrt{1+\omega^2 T^2}}\sin(\omega t - \arctan\omega T) \qquad (5-3)$$

由式(5-3)可知，RC 网络正弦输入信号的稳态输出响应仍是一个同频率的正弦信号，只是幅值和相位发生了变化，其变化取决于频率 ω。

如果用 $A(\omega)$ 表示 RC 网络在正弦信号作用下，稳态输出与输入的幅值之比，即

$$A(\omega) = \frac{1}{\sqrt{1+\omega^2 T^2}} \qquad (5-4)$$

用 $\varphi(\omega)$ 表示 RC 网络在正弦信号作用下，稳态输出与输入的相位之差，即

$$\varphi(\omega) = -\arctan\omega T \qquad (5-5)$$

由式(5-4)和式(5-5)可见，$A(\omega)$ 和 $\varphi(\omega)$ 只与正弦输入信号频率 ω 以及系统本身的结构与参数有关。在系统结构和参数给定的情况下，$A(\omega)$ 和 $\varphi(\omega)$ 仅是频率 ω 的函数。在此，称 $A(\omega) = \dfrac{1}{\sqrt{1+\omega^2 T^2}}$ 为 RC 网络的幅频特性；$\varphi(\omega) = -\arctan\omega T$ 为 RC 网络的相频特性。

实质上，将 RC 网络的传递函数，即式(5-1)中的 s 用 $j\omega$ 代换，得 RC 网络的频率特性函数

$$W(s)\bigg|_{s=j\omega} = W(j\omega) = \frac{1}{j\omega T + 1} \tag{5-6}$$

幅频特性

$$A(\omega) = |W(j\omega)| = \frac{1}{\sqrt{1+\omega^2 T^2}} \tag{5-7}$$

相频特性

$$\varphi(\omega) = \underline{/W(j\omega)} = -\arctan\omega T \tag{5-8}$$

实际上，频率响应的概念具有普遍意义。对于稳定的线性定常系统（或元件），当输入信号为正弦信号 $x_r(t) = \sin\omega t$ 时，过渡过程结束后，系统的稳态输出必为：$x_{css}(t) = x_c(\infty) = A\sin(\omega t + \varphi)$，如图 5-2 所示。

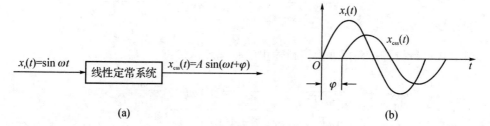

（a）　　　　　　　　　　　　（b）

图 5-2　线性系统频率响应示意图

5.1.2　频率特性的定义

为说明频率特性的普遍意义，设一个一般线性定常系统的传递函数为

$$W(s) = \frac{X_c(s)}{X_r(s)} = \frac{b_0 s^m + b_1 s^{m-1} + \cdots + b_{m-1}s + b_m}{a_0 s^n + a_1 s^{n-1} + \cdots + a_{n-1}s + a_n}$$

假设系统输入为正弦信号，即

$$x_r(t) = A_r\sin\omega t \tag{5-9}$$

则

$$X_r(s) = A_r\frac{\omega}{s^2+\omega^2}$$

那么，系统输出的拉氏变换

$$X_c(s) = W(s) \cdot X_r(s) = \frac{b_0 s^m + b_1 s^{m-1} + \cdots + b_{m-1}s + b_m}{a_0 s^n + a_1 s^{n-1} + \cdots + a_{n-1}s + a_n} \cdot A_r\frac{\omega}{s^2+\omega^2}$$

$$= \sum_{i=1}^{n}\frac{A_i}{s-s_i} + \left(\frac{B}{s+j\omega} + \frac{C}{s-j\omega}\right) \tag{5-10}$$

式中，s_i 为系统的 n 个互异闭环特征根（闭环极点），A_i、B、C 为待定系数。那么

$$x_c(t) = \sum_{i=1}^{n}A_i e^{s_i t} + B e^{-j\omega t} + C e^{j\omega t} \tag{5-11}$$

若闭环系统稳定，即 s_i 全部位于 s 平面的左半平面。那么当 $t \to \infty$ 时，系统输出 $x_c(t)$ 的稳态分量为

$$x_{\text{css}}(t) = x_c(\infty) = B e^{-j\omega t} + C e^{j\omega t} \tag{5-12}$$

上面的式中：

$$
\begin{aligned}
B &= W(s) \frac{A_r \omega}{s^2 + \omega^2} (s + j\omega) \Big|_{s = -j\omega} \\
&= W(-j\omega) \frac{A_r \omega}{s - j\omega} \Big|_{s = -j\omega} \\
&= \left| \frac{W(j\omega)}{2} \right| A_r e^{-j\left[\underline{/W(j\omega)} - \frac{\pi}{2} \right]} \tag{5-13}
\end{aligned}
$$

$$
\begin{aligned}
C &= W(s) \frac{A_r \omega}{s^2 + \omega^2} (s - j\omega) \Big|_{s = j\omega} \\
&= W(j\omega) \frac{A_r \omega}{s + j\omega} \Big|_{s = j\omega} \\
&= \left| \frac{W(j\omega)}{2} \right| A_r e^{j\left[\underline{/W(j\omega)} - \frac{\pi}{2} \right]} \tag{5-14}
\end{aligned}
$$

则式(5-12)可写成

$$
\begin{aligned}
x_{\text{css}}(t) &= \left| \frac{W(j\omega)}{2} \right| A_r \left\{ e^{-j\left[\omega t + \underline{/W(j\omega)} - \frac{\pi}{2} \right]} + e^{j\left[\omega t + \underline{/W(j\omega)} - \frac{\pi}{2} \right]} \right\} \\
&= |W(j\omega)| A_r \cos\left[\omega t + \underline{/W(j\omega)} - \frac{\pi}{2} \right] \\
&= |W(j\omega)| A_r \sin\left[\omega t + \underline{/W(j\omega)} \right] \\
&= A_c \sin(\omega t + \varphi) \tag{5-15}
\end{aligned}
$$

系统的频率特性定义为：线性定常系统，在正弦信号作用下，输出的稳态分量与输入量之比对频率 ω 的关系特性称为系统的频率特性，记为 $W(j\omega)$。频率特性包括幅频特性和相频特性两个概念。

由式(5-15)和式(5-9)可知，在正弦信号作用下，将系统稳态输出的幅值与输入的幅值之比，定义为系统的幅频特性，即

$$A(\omega) = \frac{A_c}{A_r} = |W(j\omega)| \tag{5-16}$$

在正弦信号作用下，将系统稳态输出的相位与输入的相位之差，定义为系统的相频特性，即

$$\varphi(\omega) = (\omega t + \varphi) - \omega t = \underline{/W(j\omega)} \tag{5-17}$$

结合式(5-16)和式(5-17)，可以将频率特性写为

$$W(j\omega) = W(s) |_{s = j\omega} = |W(j\omega)| e^{j\underline{/W(j\omega)}} = A(\omega) e^{j\varphi(\omega)} = A(\omega) \underline{/\varphi(\omega)} \tag{5-18}$$

即将传递函数中的复变量 s 用 $j\omega$ 代换后，即可得到频率特性的表达式。从以上式子可以看出，幅频与相频特性都是输入正弦频率 ω 的函数。

频率特性可以反映出系统对不同频率的正弦输入信号的跟踪能力,在频域内全面描述系统的性能。频率特性只与系统的结构、参数有关,是线性定常系统的固有特性。

关于频率特性的几点说明:

(1) 频率特性的概念不只是针对系统而言的,对控制元件、部件、控制装置均适用。

(2) 频率特性只适用于线性定常模型,否则不能用拉氏变换求解,也不存在这种稳态对应关系。

(3) 前面在推导频率特性时,是在假定线性微分方程稳定的条件下导出的。如果不稳定,则动态过程 $x_c(t)$ 最终不可能趋于稳态振荡 $x_{css}(t)$,当然也就无法由实际系统直接观察到这种稳态响应。但从理论上推导动态过程时,它的稳态分量总是可以分离出来的,而且其规律并不依赖于系统的稳定性。因此可以扩展频率特性的概念为:在正弦信号作用下,线性定常模型输出的稳态分量与输入的复数比。

(4) 由频率特性的表达式 $W(j\omega)$ 可知,其包含了系统或元件的全部结构和参数。故尽管频率特性是一种稳态响应,而动态过程的规律性必将寓于其中。故频率特性就是运用稳态的频率特性间接研究系统的动态响应,从而避免了直接求解高阶微分方程的困难。

频率特性与微分方程和传递函数一样,也是系统或元件的一种动态数学模型。已经学过的三种数学模型之间的关系,可由图 5-3 所示的简明图给出。

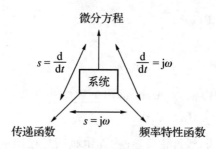

图 5-3 三种数学模型之间的关系

例 5-1 已知某系统结构如图 5-4 所示。若 $x_r(t) = 1 \cdot \sin(\omega t + 30°)$,试分别求出当 $\omega = 0.1$、1、10 三种情况下的 $x_c(t)$ 的稳态值(静态值)。

图 5-4 系统结构图

解:由系统结构图可知,系统传递函数为

$$W(s) = \frac{X_c(s)}{X_r(s)} = \frac{1}{s(s+1)}$$

则其频率特性函数为

$$W(j\omega) = W(s)\bigg|_{s=j\omega} = \frac{1}{j\omega(j\omega + 1)}$$

幅频特性

$$A(\omega) = |W(j\omega)| = \left|\frac{1}{j\omega(j\omega + 1)}\right| = \frac{1}{\omega\sqrt{\omega^2 + 1}}$$

相频特性

$$\varphi(\omega) = \underline{/W(j\omega)} = \underline{/\dfrac{1}{j\omega(j\omega+1)}} = -90° - \arctan\omega$$

当 $\omega=0.1$ 时，

$$A(0.1) = \dfrac{1}{\omega\sqrt{\omega^2+1}}\bigg|_{\omega=0.1} = 9.95$$

$$\varphi(0.1) = -90° - \arctan\omega\big|_{\omega=0.1} = -95.71°$$

则

$$x_{\text{css1}}(t) = 1 \cdot A(0.1)\sin(\omega t + 30° + \varphi(0.1))$$
$$= 9.92\sin(\omega t - 65.71°)$$

当 $\omega=1$ 时，

$$A(1) = \dfrac{1}{\omega\sqrt{\omega^2+1}}\bigg|_{\omega=1} = 0.707$$

$$\varphi(1) = -90° - \arctan\omega\big|_{\omega=1} = -135°$$

则

$$x_{\text{css2}}(t) = 1 \cdot A(1)\sin(\omega t + 30° + \varphi(1))$$
$$= 0.707\sin(\omega t - 105°)$$

当 $\omega=10$ 时，

$$A(10) = \dfrac{1}{\omega\sqrt{\omega^2+1}}\bigg|_{\omega=10} = 0.009$$

$$\varphi(10) = -90° - \arctan\omega\big|_{\omega=10} = -174.29°$$

则

$$x_{\text{css3}}(t) = 1 \cdot A(10)\sin(\omega t + 30° + \varphi(10))$$
$$= 0.009\sin(\omega t - 144.29°)$$

5.2　频率特性的图解法

系统的频率特性函数不仅有严格的数学定义和明确的物理意义，而且还可以用图示的方法简明而清晰地将它表示出来，在工程分析和设计时，通常把频率特性化成一些曲线，通过这些曲线对系统进行研究。下面主要介绍描述频率特性的极坐标图和对数坐标图。

5.2.1　极坐标频率特性图

极坐标图是表示复数的一种常用方法。由以上的分析可知，若已知系统的传递函数 $W(s)$，那么令 $s=j\omega$，立即可得频率特性为 $W(j\omega)$。显然，$W(j\omega)$ 是以频率 ω 为自变量的一个复变量，该复变量可用复数 s 平面上的一个矢量来表示。当频率 ω 从 0 变化到 ∞ 时，系统或元件的频率特性的值也在不断变化，即 $W(j\omega)$ 这个矢量亦在 s 平面上变化，于是

$W(j\omega)$矢量的终端将会在s平面上描绘出一条曲线,这条曲线就称为系统的幅相频率特性图,或称作奈奎斯特图(Nyquist)。

由于频率特性可以表示成

$$W(j\omega) = P(\omega) + jQ(\omega) \qquad\qquad\qquad 代数式$$

$$= |W(j\omega)| \underline{/W(j\omega)} = A(\omega)\underline{/\varphi(\omega)} \qquad 极坐标式$$

$$= A(\omega)e^{j\varphi(\omega)} \qquad\qquad\qquad\qquad 指数式$$

因此画幅相特性图(Nyquist图)有两种方法:一是对每个ω求出实部$P(\omega)$和虚部$Q(\omega)$,并在图中标出相应位置,如图 5-5(a)所示;二是对每个ω求出$W(j\omega)$的幅值$A(\omega) = |W(j\omega)|$和相角$\varphi(\omega) = \underline{/W(j\omega)}$,并在图中标出相应的位置,如图 5-5(b)所示。

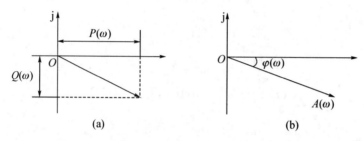

图 5-5　幅相频率特性图

例 5-2　绘制 RC 网络的频率特性极坐标图,其中 $R=1$ kΩ,$C=500$ μF。

解:前面已经求得 RC 网络的传递函数为

$$W(s) = \frac{1}{RCs + 1} = \frac{1}{Ts + 1}$$

则 RC 网络的频率特性为

$$W(j\omega) = W(s)\Big|_{s=j\omega} = \frac{1}{RCj\omega + 1} = \frac{1}{j\omega T + 1}$$

其中,$T = RC = 0.5$ s。

RC 网络的幅频特性为

$$A(\omega) = |W(j\omega)| = \frac{1}{\sqrt{\omega^2 T^2 + 1}} = \frac{1}{\sqrt{0.25\omega^2 + 1}}$$

RC 网络的相频特性为

$$\varphi(\omega) = \underline{/W(j\omega)} = -\arctan\omega T = -\arctan 0.5\omega$$

当频率 ω 取不同的值时,幅频特性 $A(\omega)$ 和相频特性 $\varphi(\omega)$ 的值,如表 5-1 所示。

表 5-1　不同 ω 取值下的 $A(\omega)$ 和 $\varphi(\omega)$

ω	0	1	2	3	4	5	10	100	...
$A(\omega)$	1	0.893	0.707	0.555	0.447	0.371	0.196	0.020	...
$\varphi(\omega)$	0°	−26.6°	−45.0°	−56.3°	−63.4°	−68.2°	−78.7°	−88.9°	...

按照表 5-1 中的数据,在极坐标图中绘出 RC 网络的频率特性,如图 5-6 所示。

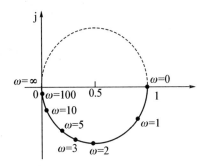

图 5-6　RC 网络的频率特性极坐标图

由于 $W(j\omega)$ 是复数变量 ω 的有理函数,因此 $\overline{W(-j\omega)} = W(j\omega)$,这里 $\overline{W(-j\omega)}$ 表示 $W(-j\omega)$ 的共轭复数。由此可见,$W(j\omega)$ 在 ω 从 $-\infty \rightarrow 0$ 部分的频率特性图与 ω 从 $0 \rightarrow \infty$ 部分的曲线是关于实轴对称的,如图 5-6 中的虚线所示。当然,按照频率特性的物理意义,ω 应取正值或零。但在有的情况下,绘出负频率特性曲线对系统的分析也是有帮助的。

根据频率特性函数的代数式不难验证,例 5-2 中的频率特性曲线是一个以 $(0.5, j0)$ 为圆心,半径为 0.5 的半圆,若包含负频率特性曲线则为一个整圆。因为频率特性的实部和虚部分别为

$$P(\omega) = \frac{1}{1 + \omega^2 T^2}, Q(\omega) = \frac{-\omega T}{1 + \omega^2 T^2}$$

消去变量 ω,得

$$P^2 + Q^2 = P$$

即

$$(P - 0.5)^2 + Q^2 = 0.5^2$$

这恰好是一个圆的方程。

5.2.2　对数坐标频率特性图

由上面的介绍可知,幅相频率特性是一个以 ω 为参变量的图形,在定量分析时有一定的不便之处。因此,在工程上,常常将 $A(\omega)$ 和 $\varphi(\omega)$ 分别表示在两个图上,且由于这两个图在刻度上的特点,被称作对数幅频特性图和对数相频特性图。

1. 对数幅频特性

为研究问题方便起见,常常将幅频特性 $A(\omega)$ 用增益 $L(\omega)$ 来表示,其关系为

$$L(\omega) = 20 \lg A(\omega)\ \text{dB} \tag{5-19}$$

对数幅频特性的坐标如图 5-7(a)所示。图 5-7 中,横坐标为角频率 ω,采用对数比例尺(或称对数标度)。ω 每变化 10 倍,横坐标就变化一个单位长度。这个单位长度代表 10 倍频的距离,故称之为"十倍频"或"十倍频程"。纵坐标按线性刻度,标以增益值。$A(\omega)$ 每变化 10 倍,$L(\omega)$ 变化 20 dB。将 $\lg A(\omega)$ 变换成 $L(\omega)$ 以后,纵坐标可用普通比例尺标注。

2. 对数相频特性

对数相频特性图的横坐标与对数幅频特性的横坐标相同,标以频率 ω 值;纵坐标按均匀刻度,标以 $\varphi(\omega)$ 值,单位为度(°)或弧度(rad),采用普通比例尺,如图 5-7(b)所示。

对数幅频特性和对数相频特性合称为对数频率特性,或称作伯德图(Bode)。

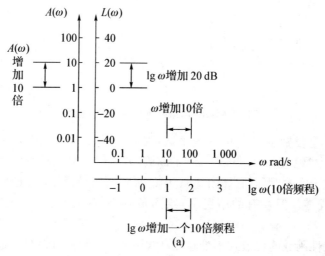

(a)

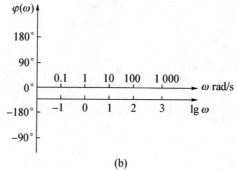

(b)

图 5-7 对数频率特性图

例 5-3 画出惯性环节 $W(s) = \dfrac{1}{Ts+1}$ 的对数频率特性图($T=1$ s)。

解:惯性环节的频率特性为

$$W(j\omega) = \frac{1}{j\omega T + 1}$$

幅频特性

$$A(\omega) = |W(j\omega)| = \frac{1}{\sqrt{1 + \omega^2 T^2}}$$

对数幅频

$$L(\omega) = 20\lg A(\omega) = 20\lg \frac{1}{\sqrt{1+\omega^2 T^2}} = -20\lg \sqrt{1 + \omega^2 T^2} \tag{5-20}$$

相频特性

$$\varphi(\omega) = \underline{/W(j\omega)} = -\arctan\omega T \tag{5-21}$$

当 ω 取不同值时对应的 $L(\omega)$ 和 $\varphi(\omega)$ 值,如表 5-2 所示。

表 5-2 不同 ω 取值下的 $L(\omega)$ 和 $\varphi(\omega)$

ω	0.1	0.5	1	5	10	100	$\cdots$
$L(\omega)$	-0.04	-0.97	-3.01	-14.1	-20	-40	$\cdots$
$\varphi(\omega)$	$-5.7°$	$-26.6°$	$-45.0°$	$-78.7°$	$-84.3°$	$-89.4°$	$\cdots$

按照表 5-2 中的数据,在对数坐标图中绘出惯性环节的频率特性,如图 5-8 所示。

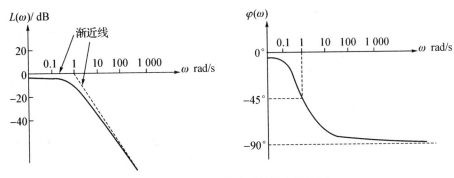

图 5-8 惯性环节的对数频率特性图

由图 5-8 可见,随着 ω 的增大,$L(\omega)$ 由 0 dB 逐渐下降到 $-\infty$ dB,故惯性环节具有良好的低通特性;$\varphi(\omega)$ 由 0° 逐渐趋向于 $-90°$,且对称于 $-45°$ 点具有奇对称性。

按照以上方法绘制对数频率特性图比较麻烦。工程上常用折线来绘制近似对数幅频特性曲线,再按需要做必要的修正。

由式(5-20)可知,当 $\omega \ll \dfrac{1}{T}$ 时,即 $\omega T \ll 1$ 时

$$L(\omega) = -20\lg\sqrt{1+\omega^2 T^2} \approx -20\lg 1 = 0 \text{ dB}$$

即在低频区,惯性环节幅频特性曲线近似于横坐标轴相重合。而当 $\omega \gg \dfrac{1}{T}$ 时,即 $\omega T \gg 1$ 时,$L(\omega) \approx -20\lg\omega T$,这表明当频率 ω 每增加 10 倍频程时,$L(\omega)$ 增加 -20 dB,故在高频区,惯性环节近似为斜率为 -20 dB/dec 的一条直线,该直线与横坐标轴的交点在 $\omega = \dfrac{1}{T}$ 处,因为当 $\omega = \dfrac{1}{T}$ 时,$-20\lg\omega T = -20\lg 1 = 0$,$\omega = \dfrac{1}{T}$ 也称作惯性环节的转折频率,由此可以得到惯性环节的两条渐近线,如图 5-8 所示,这两条渐近线也称作惯性环节的幅频渐近特性曲线,它们近似地表示了该环节的幅频特性。为得到更为精确的频率特性曲线,只要在转折频率 $\omega = \dfrac{1}{T}$ 处计算 $L(\omega) = -20\lg\sqrt{1+\omega^2 T^2} = -20\lg\sqrt{1+1} = -3.01$ dB,然后即可大致绘出其对数频率特性图。

5.3 典型环节的频率特性

用频率法研究控制系统的稳定性和动态响应时,是根据系统的开环频率特性进行

的,而一个控制系统的开环频率特性常常是由若干典型环节构成的,掌握好各典型环节的频率特性,能方便地绘制出系统的开环频率特性。在第二章中曾经述及的典型环节有放大环节、积分环节、微分环节、惯性环节、一阶微分环节、振荡环节、二阶微分环节和延时环节等。

下面分别讨论典型环节的频率特性。

1. 放大环节

放大环节的传递函数为

$$W(s) = K$$

所以放大环节的频率特性为

$$W(j\omega) = K e^{j0°}$$

其幅频和相频特性分别为

$$A(\omega) = |W(j\omega)| = K$$

$$\varphi(\omega) = 0°$$

由此可见,放大环节的幅频和相频特性均为常数,与频率 ω 无关,在极坐标图中其幅相特性曲线为正实轴上坐标为 $(K, j0)$ 的一个点,如图 5 - 9(a) 所示。

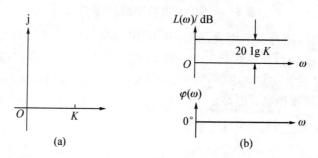

图 5 - 9 放大环节的频率特性

放大环节的对数幅频特性为

$$L(\omega) = 20\lg A(\omega) = 20\lg K$$

故其对数幅频特性曲线是一条平行于横坐标轴的直线,其纵坐标为 $20\lg K$,相频曲线为与 0°线重合的直线,如图 5 - 9(b) 所示。

2. 积分环节

积分环节的传递函数为

$$W(s) = \frac{1}{s}$$

所以积分环节的频率特性为

$$W(j\omega) = \frac{1}{j\omega} = \frac{1}{\omega} e^{-j90°}$$

其幅频和相频特性分别为

$$A(\omega) = | W(j\omega) | = \frac{1}{\omega}$$

$$\varphi(\omega) = -90°$$

由此可见,当 ω 从 $0 \rightarrow \infty$ 时,幅频特性由无穷大趋向于原点,相频特性恒为 $-90°$,与 ω 无关,故积分环节的幅相特性曲线是虚轴的下半轴,并且由无穷远处指向原点。其幅相频率特性曲线如图 5-10(a)所示。

积分环节的对数幅频特性为

$$L(\omega) = 20lgA(\omega) = 20lg \frac{1}{\omega} = -20lg\omega$$

由此可见,积分环节的对数频率特性 $L(\omega)$ 是 $lg\omega$ 的一次线性函数,在对数坐标里为直线,且直线斜率为 -20 dB/dec,直线在 $\omega = 1$ 时与横坐标相交,因为 $L(\omega)|_{\omega=1} = -20lg1 = 0$ dB。相频特性在对数坐标中是一条平行于横坐标轴的直线,纵坐标为 $-90°$。积分环节的对数幅频和相频特性如图 5-10(b)所示。

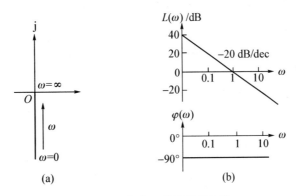

图 5-10 积分环节的频率特性

3. 微分环节

微分环节的传递函数为

$$W(s) = s$$

所以微分环节的频率特性为

$$W(j\omega) = j\omega = \omega e^{j90°}$$

其幅频和相频特性分别为

$$A(\omega) = | W(j\omega) | = \omega$$

$$\varphi(\omega) = 90°$$

由此可见,当 ω 从 $0 \rightarrow \infty$ 时,幅频特性由零增加到无穷大,相频特性恒为 $90°$,与 ω 无关,故微分环节的幅相特性曲线是虚轴的上半轴,并且由零指向无穷远处。其幅相频率特性曲线如图 5-11(a)所示。

微分环节的对数幅频特性为

$$L(\omega) = 20lgA(\omega) = 20lg\omega$$

由此可见,微分环节的对数频率特性 $L(\omega)$ 也是 $\lg\omega$ 的一次线性函数,在对数坐标里为直线,其直线斜率为 20 dB/dec,直线在 $\omega=1$ 时与横坐标相交,因为 $L(\omega)\big|_{\omega=1}=20\lg1=0$ dB。相频特性在对数坐标中是一条平行于横坐标轴的直线,纵坐标为 90°。微分环节的对数幅频和相频特性,如图 5-11(b)所示。

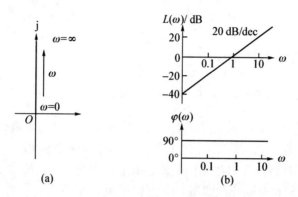

图 5-11 微分环节的频率特性

4. 惯性环节

惯性环节的频率特性已在 5.2 节讨论过,这里不再赘述。

5. 一阶微分环节

一阶微分环节的传递函数为

$$W(s) = Ts + 1$$

所以一阶微分环节的频率特性为

$$W(j\omega) = j\omega T + 1 = \sqrt{\omega^2 T^2 + 1}\, e^{j\arctan\omega T}$$

其幅频和相频特性分别为

$$A(\omega) = |W(j\omega)| = \sqrt{\omega^2 T^2 + 1}$$

$$\varphi(\omega) = \underline{/W(j\omega)} = \arctan\omega T$$

由此可见,在幅相特性曲线中,$W(j\omega)$ 的实部恒为 1,与 ω 无关,故其频率特性是一条平行于虚轴的射线,射线的顶点在 $(1, j0)$,其幅相频率特性曲线如图 5-12(a)所示。

一阶微分环节的对数幅频特性为

$$L(\omega) = 20\lg A(\omega) = 20\lg\sqrt{\omega^2 T^2 + 1} \tag{5-22}$$

由式(5-22)可知,当 $\omega \ll \dfrac{1}{T}$ 时,即 $\omega T \ll 1$ 时

$$L(\omega) = 20\lg\sqrt{1 + \omega^2 T^2} \approx 20\lg1 = 0 \text{ dB}$$

即在低频区,一阶微分环节幅频特性曲线近似与横坐标轴相重合。而当 $\omega \gg \dfrac{1}{T}$ 时,即 $\omega T \gg 1$ 时,$L(\omega) \approx 20\lg\omega T$,这表明当频率 ω 每增加 10 倍频程时,$L(\omega)$ 增加 20 dB,故在高频区,一阶微分环节近似为斜率为 20 dB/dec 的一条直线,该直线与横坐标轴的交点在

$\omega=\dfrac{1}{T}$处,因为当$\omega=\dfrac{1}{T}$时,$20\lg\omega T=20\lg1=0$,$\omega=\dfrac{1}{T}$也称作一阶微分环节的转折频率。

因为一阶微分环节的传递函数和惯性环节的传递函数互为倒数,故在对数坐标图中,一阶微分环节的频率特性与惯性环节的频率特性关于横坐标对称,如图5-12(b)所示(取$T=1\text{ s}$)。为得到更为精确的频率特性曲线,只要在转折频率$\omega=\dfrac{1}{T}$处计算$L(\omega)=$ $20\lg\sqrt{1+\omega^2T^2}=20\lg\sqrt{1+1}=3.01\text{ dB}$,然后即可大致绘出其对数频率特性图。

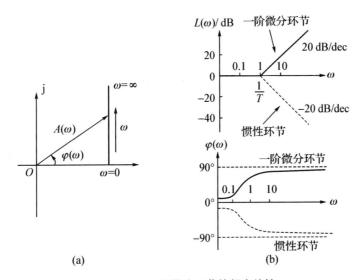

图5-12　一阶微分环节的频率特性

6. 振荡环节

振荡环节的传递函数为

$$W(s)=\frac{\omega_n^2}{s^2+2\zeta\omega_ns+\omega_n^2}=\frac{1}{\dfrac{s^2}{\omega_n^2}+2\zeta\dfrac{s}{\omega_n}+1}\quad(0<\zeta<1)$$

所以振荡环节的频率特性为

$$W(\mathrm{j}\omega)=\frac{1}{1-\left(\dfrac{\omega}{\omega_n}\right)^2+\mathrm{j}2\zeta\dfrac{\omega}{\omega_n}}$$

其中,ω_n称为自然振荡频率;ζ为阻尼比。

其幅频和相频特性分别为

$$A(\omega)=|W(\mathrm{j}\omega)|=\frac{1}{\sqrt{\left[1-\left(\dfrac{\omega}{\omega_n}\right)^2\right]^2+\left(2\zeta\dfrac{\omega}{\omega_n}\right)^2}}\tag{5-23}$$

$$\varphi(\omega)=\underline{/W(\mathrm{j}\omega)}=-\arctan\frac{2\zeta\dfrac{\omega}{\omega_n}}{1-\left(\dfrac{\omega}{\omega_n}\right)^2}\tag{5-24}$$

根据式(5-23)和式(5-24)用描点法在极坐标图中画出不同阻尼比 ζ 下振荡环节的频率特性，如图5-13所示。

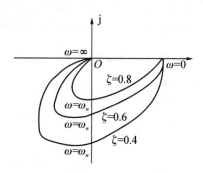

图5-13　振荡环节的幅相特性曲线

振荡环节的幅频特性和相频特性由如下特征：

(1) 当 $\omega=0$ 时，$A(0)=1$，$\varphi(0)=0°$，表明振荡环节的频率特性曲线起始于实轴上的点 $(1,j0)$。当 ω 增大时，$\varphi(\omega)$ 变为负值，这表明频率特性曲线顺时针向下移动；

(2) 当 $\omega=\omega_n$ 时，$A(\omega_n)=\dfrac{1}{2\zeta}$，$\varphi(\omega_n)=-90°$，表明当 $\omega=\omega_n$ 时，曲线与负虚轴相交，而且阻尼比 ζ 越小，交点离原点越远；

(3) 当 $\omega\to\infty$ 时，$A(\infty)=0$，$\varphi(\infty)=-180°$，表明频率特性曲线终止于坐标原点，且与负实轴相切。

若令 $\dfrac{\mathrm{d}A(\omega)}{\mathrm{d}\omega}=0$，可以求得极值点的频率值

$$\omega_r=\omega_n\sqrt{1-2\zeta^2} \tag{5-25}$$

称 ω_r 为振荡环节的谐振频率。

将 ω_r 代入式(5-23)，得

$$M_r=A(\omega_r)=\frac{1}{2\zeta\sqrt{1-\zeta^2}} \tag{5-26}$$

称 M_r 为振荡环节的谐振峰值，它表示频率特性曲线上离原点最远点的幅值，将式(5-25)代入式(5-24)得到谐振时的幅频特性为

$$\varphi(\omega_r)=-\arctan\frac{\zeta}{\sqrt{1-2\zeta^2}} \tag{5-27}$$

由此可见，ω_r、M_r、$\varphi(\omega_r)$ 都是阻尼比 ζ 的函数。

当 $\zeta=1/\sqrt{2}=0.707$ 时，$\omega_r=0$，$M_r=1$，$\varphi(\omega_r)=0°$；

当 $\zeta>0.707$ 时，ω_r 为虚数，说明幅频特性不存在谐振峰值；

当 $0<\zeta<0.707$ 时，存在谐振峰值，且阻尼比 ζ 越小，M_r 越小；

当 $\zeta=0$ 时，$\omega_r=\omega_n$，$M_r\to\infty$，$\varphi(\omega_r)=-90°$，这是谐振最严重的情况。

振荡环节的对数幅频特性为

$$L(\omega) = 20\lg A(\omega) = -20\lg\sqrt{\left[1-\left(\frac{\omega}{\omega_n}\right)^2\right]^2 + \left(2\zeta\frac{\omega}{\omega_n}\right)^2} \qquad (5-28)$$

由式(5-28)可知,在低频段,当$\frac{\omega}{\omega_n} \ll 1$,即 $\omega \ll \omega_n$ 时,$L(\omega_n) \approx -20\lg 1 = 0$ dB。即在低频段,对数幅频特性近似与 0 dB 的横坐标轴重合。而在高频段,当$\frac{\omega}{\omega_n} \gg 1$,即 $\omega \gg \omega_n$ 时,$L(\omega) \approx -20\lg\sqrt{\left[-\left(\frac{\omega}{\omega_n}\right)^2\right]^2} = -40\lg\frac{\omega}{\omega_n}$,这是一条斜率为$-40$ dB/dec 的直线,与横坐标的交点在 $\omega = \omega_n$ 处,故自然频率 ω_n 也称为高频渐近线与低频渐近线的交接频率或转折频率,振荡环节的渐近对数幅频特性也称为折线对数幅频特性。

在转折频率附近,用渐近幅频特性有较大误差,在 $\omega = \omega_n$ 时,该误差值为

$$L_n = L(\omega_n) \approx -20\lg\sqrt{\left[1-\left(\frac{\omega}{\omega_n}\right)^2\right]^2 + \left(2\zeta\frac{\omega}{\omega_n}\right)^2}\bigg|_{\omega=\omega_n} = -20\lg 2\zeta\,(\text{dB})$$

$$(5-29)$$

在不同阻尼比 ζ 下,振荡环节的对数幅频特性和相频特性,如图 5-14 所示。

当 $\zeta < 0.707$ 时,L_n 略小于谐振峰值 M_r,对式(5-26)取对数,得

$$L_r = 20\lg M_r = -20\lg 2\zeta\sqrt{1-\zeta^2} > -20\lg 2\zeta = L_n$$

当阻尼比 ζ 很小时,转折频率 ω_n 和谐振频率 ω_r 很接近,L_n 与谐振峰值 L_r 也很接近。

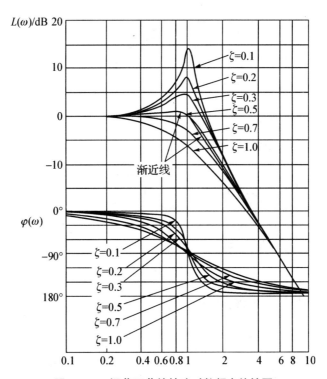

图 5-14　振荡环节的精确对数频率特性图

振荡环节属于相位滞后环节,频率越高,其相位滞后越大。当 $\omega \to \infty$ 时,相位滞后可达到 $-180°$。当 $\omega = 0$ 时,$\varphi(\omega) = 0°$;当 $\omega = \omega_n$ 时,$\varphi(\omega_n) = -90°$,由相频特性图可见,阻尼比 ζ 越小,相频特性曲线在 $\omega = \omega_n$ 处的变化速度越大。

7. 二阶微分环节

二阶微分环节的传递函数为

$$W(s) = \frac{s^2}{\omega_n^2} + 2\zeta \frac{s}{\omega_n} + 1$$

所以二阶微分环节的频率特性为

$$W(j\omega) = 1 - \left(\frac{\omega}{\omega_n}\right)^2 + j2\zeta \frac{\omega}{\omega_n}$$

其幅频和相频特性分别为

$$A(\omega) = \sqrt{\left[1 - \left(\frac{\omega}{\omega_n}\right)^2\right]^2 + \left(2\zeta \frac{\omega}{\omega_n}\right)^2} \qquad (5-30)$$

$$\varphi(\omega) = \arctan \frac{2\zeta \frac{\omega}{\omega_n}}{1 - \left(\frac{\omega}{\omega_n}\right)^2} \qquad (5-31)$$

当 ω 从 0 变化到无穷大时,根据式(5-30)和式(5-31)绘制不同阻尼比 ζ 下的二阶微分环节的幅相频率特性图,如图 5-15 所示。

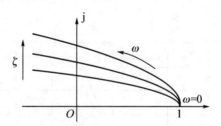

图 5-15 二阶微分环节的幅相频率特性曲线

二阶微分环节的对数幅频特性为

$$L(\omega) = 20\lg A(\omega) = 20\lg \sqrt{\left[1 - \left(\frac{\omega}{\omega_n}\right)^2\right]^2 + \left(2\zeta \frac{\omega}{\omega_n}\right)^2}$$

显然,二阶微分环节与振荡环节的幅频特性和相频特性相比仅差一个符号,故它们对称于横坐标轴,如图 5-16 所示。

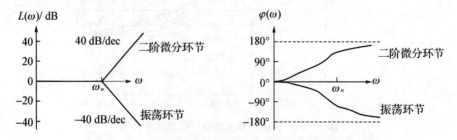

图 5-16 二阶微分环节和振荡环节的对数频率特性图

8. 延迟环节

延迟环节的传递函数为

$$W(s) = e^{-\tau s}$$

其频率特性为

$$W(j\omega) = e^{-j\omega\tau}$$

其幅频特性和相频特性为

$$A(\omega) = 1$$

$$\varphi(\omega) = -\omega\tau$$

由此可见,当 ω 从 $0 \to \infty$ 时,幅频特性恒为 1,与 ω 无关;而相频特性是 ω 的函数,随着 ω 的变化,$\varphi(\omega)$ 从 0 变化到负无穷大。故延迟环节的幅相频率特性曲线是以原点为圆心,以 1 为半径的单位圆,如图 5-17 所示。

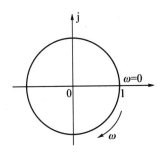

图 5-17　延迟环节的幅相频率特性图

延迟环节的对数幅频特性和相频特性为

$$L(\omega) = 20\lg A(\omega) = 20\lg 1 = 0 \text{ dB}$$

$$\varphi(\omega) = -\omega\tau$$

根据延迟环节的 $L(\omega)$ 和 $\varphi(\omega)$,绘制出延迟环节的对数频率特性曲线,如图 5-18 所示。

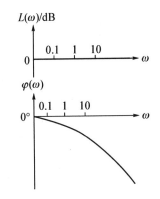

图 5-18　延迟环节的对数频率特性图

5.4　系统开环频率特性的绘制

在了解了典型环节的频率特性之后,就可以绘制一般系统的开环频率特性曲线,主要包括开环幅相频率特性曲线和开环对数频率特性曲线。

5.4.1　开环幅相特性曲线的绘制

根据系统开环频率特性的表达式,可以通过取点、计算和作图绘制系统开环幅相特性曲线。本节主要介绍开环幅相频率特性曲线的方法。

在复平面上绘制开环幅相频率特性时,可以写成代数形式

$$W_K(j\omega) = P(\omega) + jQ(\omega)$$

给出不同的 ω,计算相应的 $P(\omega)$ 和 $Q(\omega)$,在直角坐标中得出相应的点。当 ω 从 $0 \rightarrow \infty$ 时,就可以得到系统开环幅相频率特性。

若开环幅相频率特性可以写成指数形式

$$W_K(j\omega) = A(\omega)e^{j\varphi(\omega)}$$

给出不同的 ω,计算相应的 $A(\omega)$ 和 $\varphi(\omega)$,在极坐标中得出相应的点。当 ω 从 $0 \rightarrow \infty$ 时,也可以得到系统开环幅相频率特性。

假设一个一般控制系统的开环传递函数为

$$W_K(s) = \frac{b_0 s^m + b_1 s^{m-1} + \cdots + b_{m-1}s + b_m}{a_0 s^n + a_1 s^{n-1} + \cdots + a_{n-1}s + a_n} = \frac{K(\tau_1 s+1)(\tau_2 s+1)\cdots(\tau_m s+1)}{s^v(T_1 s+1)(T_2 s+1)\cdots(T_{n-v}s+1)}$$

则其开环频率特性为

$$W_K(j\omega) = \frac{b_0(j\omega)^m + b_1(j\omega)^{m-1} + \cdots + b_{m-1}j\omega + b_m}{a_0(j\omega)^n + a_1(j\omega)^{n-1} + \cdots + a_{n-1}j\omega + a_n}$$
$$= \frac{K(j\omega\tau_1+1)(j\omega\tau_2+1)\cdots(j\omega\tau_m+1)}{(j\omega)^v(j\omega T_1+1)(j\omega T_2+1)\cdots(j\omega T_{n-v}+1)} \tag{5-32}$$

1. $\omega \rightarrow 0$ 时的低频段(起始段)

当 $\omega \rightarrow 0$ 时,开环频率特性 $W_K(j\omega)$ 的低频段表达式为

$$\lim_{\omega \to 0} W_K(j\omega) = \lim_{\omega \to 0} \frac{K}{(j\omega)^v} = \lim_{\omega \to 0} \frac{K}{\omega^v}e^{-jv\frac{\pi}{2}}$$

故 $A(\omega) = \dfrac{K}{\omega^v}$,$\varphi(\omega) = -v\dfrac{\pi}{2}$。

可见,开环增益 K 和积分环节的数目 v(系统的型别)共同决定开环幅相频率特性曲线的起始点位置和相角。

(1) 0 型系统,$v=0$:$A(0)=K$,$\varphi(0)=0°$,起始于实轴上的 $(K,j0)$ 点;

(2) Ⅰ型系统,$v=1$:$A(0)=\infty$,$\varphi(0)=-90°$,起始于相角为 $-90°$ 的无穷远处;

(3) Ⅱ型系统,$v=2$:$A(0)=\infty$,$\varphi(0)=-180°$,起始于相角为 $-180°$ 的无穷远处。

0 型、Ⅰ型和Ⅱ型系统的开环幅相特性曲线起始段的一般形状,如图 5-19 所示。

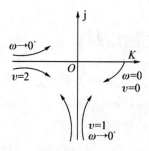

图 5-19 开环幅相频率特性的起始段

对于Ⅰ型和Ⅱ型系统,为了确定起始点位于负虚轴和负实轴的哪一边,应考虑式(5-32)中时间常数 $\tau_1, \tau_2, \cdots, \tau_m$ 和 $T_1, T_2, \cdots, T_{n-v}$ 的大小。设有Ⅱ型系统的频率特性为

$$W_K(j\omega) = \frac{K}{(j\omega)^2} \cdot \frac{(j\omega\tau+1)}{(j\omega T+1)}$$

当 $\tau < T$,$\angle(j\omega\tau+1) < \angle(j\omega T+1)$,所以当 $\omega \to 0$ 时,有 $\angle W_K(j\omega) \approx -(180°+\varepsilon)$,$\varepsilon > 0$,说明频率特性曲线起始于负实轴的上方。反之,若 $\tau > T$,则 $\angle(j\omega\tau+1) > \angle(j\omega T+1)$,当 $\omega \to 0$ 时,有 $\angle W_K(j\omega) \approx -(180°-\varepsilon)$,$\varepsilon > 0$,说明频率特性曲线起始于负实轴的下方,如图5-20所示。

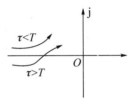

图5-20　Ⅱ型系统的频率特性起始段

2. $\omega \to \infty$ 时的高频段(终止段)

当 $\omega \to \infty$ 时,开环频率特性 $W_K(j\omega)$ 的高频段表达式为

$$\lim_{\omega \to \infty} W_K(j\omega) \approx \lim_{\omega \to \infty} \frac{K\tau_1\tau_2 \cdots \tau_m}{T_1 T_2 \cdots T_{n-v}\omega^{n-m}} e^{-j(n-m)\frac{\pi}{2}}$$

(1) 当 $n = m$ 时,$A(\infty) = \dfrac{K\tau_1\tau_2 \cdots \tau_m}{T_1 T_2 \cdots T_{n-v}}$,$\varphi(\infty) = 0°$,此时开环频率特性曲线终止于实轴上的有限点;

(2) 当 $n > m$ 时,$A(\infty) = 0$,$\varphi(\infty) = -(n-m) \times 90°$,此时开环频率特性曲线以相角为 $-(n-m) \times 90°$ 终止于坐标原点,如图5-21所示。

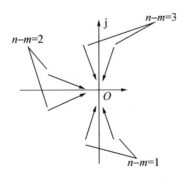

图5-21　开环幅相频率特性的终止段

3. 确定幅相频率特性曲线与实轴的交点

令 $\mathrm{Im}[W_K(j\omega)] = Q(\omega) = 0$,求得 ω,代入 $\mathrm{Re}[W_K(j\omega)] = P(\omega)$ 中,即可得到频率特性曲线与实轴的交点。

4. 确定幅相频率特性曲线与虚轴的交点

令 $\mathrm{Re}[W_{\mathrm{K}}(\mathrm{j}\omega)]=P(\omega)=0$，求得 ω，代入 $\mathrm{Im}[W_{\mathrm{K}}(\mathrm{j}\omega)]=Q(\omega)$ 中，即可得到频率特性曲线与虚轴的交点。

5. 开环零点对曲线的影响

（1）如果系统的开环传递函数没有开环零点，即开环传递函数分子中没有时间常数，则在 ω 由 0 增大到 ∞ 过程中，频率特性的相位单调连续减小（滞后连续增加），特性曲线平滑地变化。幅相频率特性曲线应该是从低频段开始幅值逐渐减小，沿顺时针方向连续变化最后终于原点。

（2）如果系统的开环传递函数有开环零点，即开环传递函数分子中有时间常数，则在 ω 由 0 增大到 ∞ 过程中，频率特性的相位不再是连续减小。视开环零点的时间常数的数值大小不同，特性曲线的相位可能在某一频段范围内呈增加趋势，此时特性曲线出现凹部。

根据以上绘制规律，用平滑的曲线将上述特殊点连接起来，就可以得到系统概略的开环幅相频率特性曲线。

例 5-4 已知控制系统的开环传递函数为

$$W_{\mathrm{K}}(s)=\frac{10}{s(0.2s+1)(0.05s+1)}$$

试绘制开环幅相频率特性曲线。

解：该系统为Ⅰ型系统，$v=1$，且 $n=3$，$m=0$，所以 $W_{\mathrm{K}}(\mathrm{j}0)=\infty\underline{/-90°}$，$W_{\mathrm{K}}(\mathrm{j}\infty)=0\underline{/-270°}$。

又

$$W_{\mathrm{K}}(\mathrm{j}\omega)=\frac{10}{\mathrm{j}\omega(\mathrm{j}0.2\omega+1)(\mathrm{j}0.05\omega+1)}$$

$$=\frac{-\mathrm{j}10(1-\mathrm{j}0.2\omega)(1-\mathrm{j}0.05\omega)}{\omega(\mathrm{j}0.2\omega+1)(\mathrm{j}0.05\omega+1)(1-\mathrm{j}0.2\omega)(1-\mathrm{j}0.05\omega)}$$

$$=\frac{-2.5\omega}{\omega[(0.25\omega)^2+(1-0.01\omega^2)^2]}+\mathrm{j}\frac{0.1\omega^2-10}{\omega[(0.25\omega)^2+(1-0.01\omega^2)^2]}$$

故实部

$$P(\omega)=\frac{-2.5}{[(0.25\omega)^2+(1-0.01\omega^2)^2]}$$

虚部

$$Q(\omega)=\frac{0.1\omega^2-10}{\omega[(0.25\omega)^2+(1-0.01\omega^2)^2]}$$

令 $Q(\omega)=0$，则 $\omega=\pm10\ \mathrm{rad/s}$，取 $\omega=10\ \mathrm{rad/s}$，代入 $P(\omega)$ 中，有

$$P(\omega)=-0.4$$

即幅相频率特性曲线与实轴的交点为 $(-0.4,\mathrm{j}0)$。

令 $P(\omega)=0$，则 $\omega=\infty$，即频率特性曲线仅在终点处与虚轴有交点。系统的幅相特性曲线如图 5-22 所示。

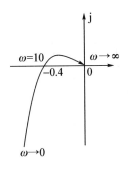

图 5‑22　幅相特性曲线

5.4.2　开环对数频率特性的绘制

设开环系统由 n 个环节串联组成,系统频率特性为

$$W_K(j\omega)=W_1(j\omega)W_2(j\omega)\cdots W_n(j\omega)$$
$$=A_1(\omega)e^{j\varphi_1(\omega)}A_2(\omega)e^{j\varphi_2(\omega)}\cdots A_n(\omega)e^{j\varphi_n(\omega)}=A(\omega)e^{j\varphi(\omega)} \tag{5-33}$$

式中

$$A(\omega)=A_1(\omega)A_2(\omega)\cdots A_n(\omega)$$

取对数后,有

$$L(\omega)=20\lg A(\omega)=20\lg A_1(\omega)+20\lg A_2(\omega)+\cdots+20\lg A_n(\omega)$$
$$=L_1(\omega)+L_2(\omega)+\cdots+L_n(\omega) \tag{5-34}$$

$$\varphi(\omega)=\varphi_1(\omega)+\varphi_2(\omega)+\cdots+\varphi_n(\omega) \tag{5-35}$$

$A_i(\omega)(i=1,2,\cdots,n)$ 表示各典型环节的幅频特性,$L_i(\omega)$ 和 $\varphi_i(\omega)$ 分别表示各典型环节的对数幅频特性和相频特性。式(5‑34)和式(5‑35)表明,只要能作出 $W_K(j\omega)$ 所包含的各典型环节的对数幅频和相频曲线,将它们分别进行代数相加,就可以求得开环系统的 Bode 图。实际上,在熟悉了对数幅频特性的性质后,可以采用更为简捷的办法直接画出开环系统的 Bode 图,具体步骤如下:

(1) 分析系统是由哪些典型环节串联组成的,将这些典型环节的传递函数都化成标准的时间常数的形式,即各典型环节传递函数的常数项为 1,并确定各环节的转折频率,由小到大标在 ω 轴上;

(2) 根据比例环节(或开环增益)的 K 值,计算 $20\lg K$;在半对数坐标纸上,找到横坐标为 $\omega=1$、纵坐标为 $L(\omega)|_{\omega=1}=20\lg K$ 的点,即 A 点;

(3) 过 A 点作斜率为 -20υ dB/dec 的直线,其中 υ 为积分环节的数目,以后每遇到一个转折频率,则直线的斜率将发生变化:

若过一阶惯性环节的转折频率,斜率减去 20 dB/dec;

若过一阶微分环节的转折频率,斜率增加 20 dB/dec;

若过二阶振荡环节的转折频率,斜率减去 40 dB/dec;

若过二阶微分环节的转折频率,斜率增加 40 dB/dec。

如果需要,可对渐近线进行修正,以获得较精确的对数幅频特性曲线。

例 5 - 5 已知某系统开环传递函数为

$$W_{\mathrm{K}}(s)=\frac{10(0.1s+1)}{s(0.25s+1)(0.25s^2+0.4s+1)}$$

试绘制系统开环对数频率特性图。

解:(1) 由题意知 $v=1,K=10$;

(2) 开环传递函数中各环节的转折频率分别为 $\omega_1=2$ rad/s,$\omega_2=4$ rad/s,$\omega_3=10$ rad/s;

(3) 在 $\omega=1$ 处,$L(\omega)|_{\omega=1}=20\lg K=20\lg 10=20$ dB;

(4) 过($\omega=1,L(\omega)=20$ dB)点作斜率为 -20 dB/dec 的直线,交第一个转折频率 $\omega_1=2$,再向右作斜率为 -60 dB/dec 的直线交至第二个转折频率 $\omega_2=4$,再向右作斜率为 -80 dB/dec 的直线,当交至第三个转折频率 $\omega_3=10$ 时再转为斜率为 -60 dB/dec 的直线,即得开环对数幅频特性渐近线,如图 5 - 23(a)所示。

(4) 系统的开环相频特性为

$$\varphi(\omega)=-90°-\arctan\frac{0.4\omega}{1-0.25\omega^2}-\arctan 0.25\omega+\arctan 0.1\omega$$

系统开环相频特性逐点计算结果,如表 5 - 3 所示。

表 5 - 3 系统开环相频特性逐点计算结果

ω(rad/s)	0.1	0.2	0.4	1	2	4	10	20	40
$\varphi(\omega)$(°)	-93.16	-96.34	-102.88	-126.40	-195.26	-235.2	-283.737	-280.64	-276.03

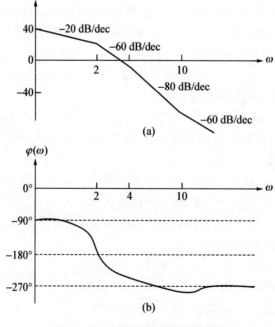

图 5 - 23 系统开环对数频率特性

在例 5-5 中,根据各环节在转折频率处斜率的变化规律来绘制幅频渐近特性曲线 $L(\omega)$,转折频率处的 $L(\omega)$ 值并未求出,下面通过例子具体阐述求解 $L(\omega)$ 中各关键点的方法。

例 5-6　已知系统的开环传递函数为

$$W_K(s) = \frac{10(0.2s+1)}{s(2s+1)}$$

试绘制系统开环对数幅频渐近特性曲线。

解:(1) 系统由下列环节组成:放大环节 $K=10$,积分环节 $\dfrac{1}{s}$,惯性环节 $\dfrac{1}{2s+1}$ 和一阶微分环节 $0.2s+1$。有两个转折频率,分别为 $\omega_1=0.5$ rad/s 和 $\omega_2=5$ rad/s。

(2) 在 $\omega=1$ 处,$L(\omega)|_{\omega=1}=20\lg K=20\lg 10=20$ dB。

(3) 过 $\omega=1$ 量 $L(\omega)=20$ dB,即 A 点。又因 $v=1$,故过 A 点作斜率为 -20 dB/dec 的直线,交第一个转折频率 $\omega_1=0.5$ rad/s 于 B 点。根据对数幅频渐近特性曲线的特点可以计算出 B 点的值。

由

$$W_K(j\omega) = \frac{10(0.2j\omega+1)}{j\omega(2j\omega+1)}$$

$$A(\omega) = \frac{10\sqrt{(0.2\omega)^2+1}}{\omega\sqrt{(2\omega)^2+1}}$$

$$L(\omega) = 20\lg 10 - 20\lg\omega - 20\lg\sqrt{(2\omega)^2+1} + 20\lg\sqrt{(0.2\omega)^2+1}$$

则当 $\omega_1=0.5$ rad/s 时,$L(\omega)|_{\omega=0.5} \approx 20\lg 10 - 20\lg\omega - 20\lg 2\omega|_{\omega=0.5} = 26.02$ dB,即 B 点的值为 $L(0.5)=26.02$ dB。

(4) 过 B 点作斜率为 -40 dB/dec 的直线,交第二个转折频率 $\omega_2=5$ rad/s 于 C 点,且 $L(\omega)|_{\omega=5} \approx 20\lg 10 - 20\lg\omega - 20\lg 2\omega + 20\lg 0.2\omega|_{\omega=5} = -14$ dB,即 C 点的值为 $L(5)=-14$ dB。

(5) 过 C 点作斜率为 -20 dB/dec 的直线。系统环对数幅频渐近特性曲线如图 5-24 所示。

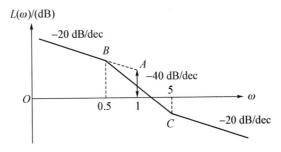

图 5-24　系统开环对数幅频渐近特性曲线

由图 5-24 可知,对数幅频渐近特性曲线在 $\omega_1=0.5$ rad/s 和 $\omega_2=5$ rad/s 之间穿过横轴,设该点的 $\omega=\omega_c$,且有

$$L(\omega_c) = 20 \lg A(\omega_c) = 0 \text{ dB}$$

即

$$A(\omega_c) \approx \frac{10}{\omega_c 2\omega_c} = 1$$

由上式可以求得 $\omega_c = \sqrt{5}$ rad/s，称 ω_c 为截止频率或剪切频率。

5.4.3 最小相位系统和非最小相位系统

如果系统的开环传递函数在右半 s 平面上没有极点和零点，则称为最小相位传递函数。具有最小相位传递函数的系统，称为最小相位系统。

例如，具有下列开环传递函数的系统是最小相位系统。

$$W_1(s) = \frac{K(T_3 s + 1)}{(T_1 s + 1)(T_2 s + 1)}(K, T_1, T_2, T_3 \text{ 均为正数})$$

开环传递函数在右半 s 平面上有一个（或多个）极点和零点，称为非最小相位传递函数（若开环传递函数有一个或多个极点位于右半 s 平面，这意味着开环不稳定）。具有非最小相位传递函数的系统称为非最小相位系统。

例如，具有下列开环传递函数的系统为非最小相位系统。

$$W_2(s) = \frac{K(T_3 s - 1)}{(T_1 s + 1)(T_2 s + 1)}(K, T_1, T_2, T_3 \text{ 均为正数})$$

$W_1(s)$ 和 $W_2(s)$ 都具有相同的幅频特性，即幅频特性都是

$$A(\omega) = \frac{K\sqrt{1 + T_3^2 \omega^2}}{\sqrt{(1 + T_1^2 \omega^2)(1 + T_2^2 \omega^2)}}$$

但它们的相频特性却大大不同；设 $W_1(s)$ 和 $W_2(s)$ 的相频特性分别为 $\varphi_1(\omega)$ 和 $\varphi_2(\omega)$，则

$$\varphi_1(\omega) = \arctan \omega T_3 - \arctan \omega T_1 - \arctan \omega T_2$$

$$\varphi_2(\omega) = 180° - \arctan \omega T_3 - \arctan \omega T_1 - \arctan \omega T_2$$

当 $\omega = 0$ 时，$\varphi_1(\omega) = 0°$，$\varphi_2(\omega) = 180°$；

当 $\omega \to \infty$ 时，$\varphi_1(\omega) = -90°$，$\varphi_2(\infty) = -90°$。

对于最小相位系统 $W_1(s)$ 来说，当 ω 从 $0 \to \infty$ 时的相角变化为：

$$|\varphi_1(\infty) - \varphi_1(0)| = |-90° - 0°| = 90°$$

对于非最小相位系统 $W_2(s)$ 来说，当 ω 从 $0 \to \infty$ 时的相角变化为：

$$|\varphi_2(\infty) - \varphi_2(0)| = |-90° - 180°| = 270°$$

显然，最小相位系统的相角变化为最小。

对控制系统来说，相位纯滞后越大，对系统的稳定性越不利，因此要尽可能避免有非最小相位特性的元件。

下面归纳出最小相位系统开环对数频率特性曲线的特点：

(1) 开环对数频率特性曲线在低频段（即频率小于最小的转折频率时）的形状，完全由系统的开环增益 K 和积分环节的个数 v 决定。

①0 型系统($v=0$)：低频段对数幅频特性曲线的斜率为 0 dB/dec，相频特性曲线从 0°开始；

②Ⅰ型系统($v=1$)：低频段对数幅频特性曲线的斜率为-20 dB/dec，相频特性曲线从$-90°$开始；

③Ⅱ型系统($v=2$)：低频段对数幅频特性曲线的斜率为-40 dB/dec，相频特性曲线从$-180°$开始。

开环对数幅频特性曲线在低频段的高度由开环增益 K 决定。故开环对数幅频频率特性在低频段可由下式表示：

$$W(j\omega) = \frac{K}{(j\omega)^v}$$

（2）开环对数幅频特性曲线经过一个转折频率，其斜率将发生变化，其高频段（即频率大于最大的转折频率时）最终的曲线斜率为$-(n-m)\times 20$ dB/dec。开环对数相频特性曲线最终的相角为$-(n-m)\times 90°$。这里，n 为开环传递函数分母的阶次，m 为开环传递函数分子的阶次。

（3）开环对数幅频特性曲线与横坐标轴相交点的频率，称为截止频率或剪切频率，用ω_c 来记。且有

$$L(\omega_c) = 20\lg A(\omega_c) = 0 \text{ dB}$$

$$A(\omega_c) = |W(j\omega_c)| = 1$$

掌握以上这些特点，可以由已知的开环传递函数绘制开环对数频率特性曲线，对于最小相位系统也可由开环对数幅频特性曲线 $L(\omega)$，写出相应的系统开环传递函数。

5.5　频率域稳定判据

稳定性是线性系统重要的性能指标，在第三章已经介绍了代数稳定性判据，本节将介绍两种频率域稳定判据：奈奎斯特稳定判据和对数频率稳定判据。前文所介绍的开环幅相特性图和对数频率特性图的绘制就是分别为使用这两个判据做准备的。频率稳定性判据使用简便，而且易于推广到非线性系统，所以在实践中广泛应用。

5.5.1　奈奎斯特稳定性判据

奈奎斯特稳定性判据是利用系统的开环幅相特性（Nyquist）曲线，判断闭环系统稳定性的一个判别准则，简称奈氏判据。

奈氏判据不仅能判断闭环系统的绝对稳定性，而且还能够指出闭环系统的相对稳定性，并可进一步提出改善闭环系统动态响应的方法。因此，奈氏稳定性判据在经典控制理论中占有十分重要的地位，在控制工程中得到了广泛的应用。奈氏判据的理论基础是复变函数理论中的幅角原理，下面介绍基于幅角原理建立起来的奈奎斯特稳定性判据的基本原理。

1. 辅助函数 $F(s)$ 的选择

已知负反馈控制系统，如图 5-25 所示。

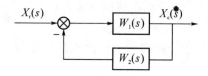

图 5 - 25 负反馈控制系统

设前向通道传递函数为

$$W_1(s) = \frac{M_1(s)}{N_1(s)}$$

反馈通道传递函数为

$$W_2(s) = \frac{M_2(s)}{N_2(s)}$$

若 $W_1(s)$ 和 $W_2(s)$ 没有零点和极点对消,则系统的开环传递函数为

$$W_K(s) = W_1(s)W_2(s) = \frac{M_1(s)M_2(s)}{N_1(s)N_2(s)} \tag{5-36}$$

系统闭环传递函数为

$$W_B(s) = \frac{W_1(s)}{1+W_1(s)W_2(s)} = \frac{M_1(s)N_2(s)}{M_1(s)M_2(s)+N_1(s)N_2(s)} \tag{5-37}$$

构造辅助函数

$$F(s) = 1 + W_K(s) = 1 + W_1(s)W_2(s) = \frac{M_1(s)M_2(s)+N_1(s)N_2(s)}{N_1(s)N_2(s)} \tag{5-38}$$

由式(5-38)可见,$F(s)$ 的分子是系统闭环特征多项式,$F(s)$ 的分母是系统开环特征多项式。

将 $F(s)$ 写成零、极点的形式,有

$$F(s) = \frac{\prod_{i=1}^{n}(s-z_i)}{\prod_{i=1}^{n}(s-p_i)} \tag{5-39}$$

式(5-39)中,z_i 是 $F(s)$ 的零点,也是闭环传递函数的极点;p_i 是 $F(s)$ 的极点,也是开环传递函数的极点。

辅助函数 $F(s)$ 具有如下特点:

(1) $F(s)$ 的零点和极点分别是系统闭环和开环的特征根(极点);

(2) $F(s)$ 的分母和分子均为 s 的 n 阶多项式,也就是说,辅助函数 $F(s)$ 的零点和极点的个数是相等的。

(3) $F(s)$ 与系统开环传递函数只差常数 1。

根据前述闭环系统稳定的充分必要条件,要使闭环控制系统稳定,辅助函数 $F(s)$ 的全部零点都必须位于 s 平面的左半平面。

上式(5-39)中的 $F(s)$ 的极点 p_i(开环极点)通常是已知的,但要求出 $F(s)$ 的零点 z_i

(闭环极点)就不是太容易了。下面利用复变函数中的幅角定理来寻找一种确定位于右半 s 平面内 $F(s)$ 零点数目的方法,从而建立判断闭环系统稳定性的奈氏判据。

2. 幅角定理

在 s 平面上任意选一复数 s,通过复变函数 $F(s)$ 的映射关系,可在 $F(s)$ 平面上找到相应的像。

设 $F(s)$ 的零、极点分布如图 5 - 26(a)所示。

在右半 s 平面内任作一闭合路径 Γ_s,且 Γ_s 不经过 $F(s)$ 的任一零点和极点,在 Γ_s 上任意选取一点 A,使从点 A 开始移动,绕 $F(s)$ 的零点 z_i 顺时针沿封闭路径 Γ_s 转一周回到 A 点,相应的 $F(s)$ 在 $F(s)$ 平面上从 B 点出发再回到 B 点,形成一条闭合曲线 Γ_F,如图 5 - 26(b)所示。

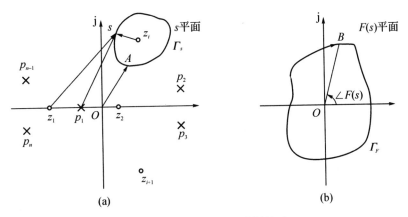

图 5 - 26　s 和 $F(s)$ 的映射关系

当 s 按照 Γ_s 变化时,$F(s)$ 的相角变化为 $\Delta\angle F(s)$,由式(5 - 39)可以求得。

$$\Delta\angle F(s)=\Delta\angle(s-z_1)+\Delta\angle(s-z_2)+\cdots+\Delta\angle(s-z_n)$$
$$-(\Delta\angle(s-p_1)+\Delta\angle(s-p_2)+\cdots+\Delta\angle(s-p_n)) \qquad (5-40)$$

式(5 - 40)中,$\Delta\angle(s-z_i)(i=1,2,\cdots,n)$ 表示 s 按照 Γ_s 变化时,向量 $s-z_i$ 的幅角变化量;$\Delta\angle(s-p_i)(i=1,2,\cdots,n)$ 表示 s 按照 Γ_s 变化时,向量 $s-p_i$ 的幅角变化量。

式(5 - 40)中,在 Γ_s 路径内的 z_i,其幅角变化量为 -2π,在 Γ_s 路径外的 z_i,其幅角变化量为 0。

按照图 5 - 25(a)所示,路径 Γ_s 中只包含了一个 z_i,其余的 $F(s)$ 的零、极点均分布在 Γ_s 外,故

$$\Delta\angle F(s) = \Delta\angle(s-z_i) =-2\pi \qquad (5-41)$$

式(5 - 41)表明,$F(s)$ 在平面上,$F(s)$ 曲线从 B 点开始,绕原点顺时针转了一周。

同理,当 s 从 s 平面上点 A 开始,绕 $F(s)$ 的一个极点 p_k 顺时针转一周时,在 $F(s)$ 平面上,$F(s)$ 曲线绕原点逆时针转一周。

根据以上分析过程,可得幅角原理:

如果封闭曲线 Γ_s 内有 Z 个 $F(s)$ 的零点,有 P 个 $F(s)$ 的极点,则 s 按照 Γ_s 顺时针转一周时,在 $F(s)$ 平面上,$F(s)$ 曲线绕原点顺时针转过的圈数 N 等于 Z 与 P 的

差，即

$$N=Z-P \qquad (5-42)$$

上式(5-42)中，若 N 为负，表示 $F(s)$ 曲线绕原点逆时针转过的圈数。

3. 奈奎斯特稳定判据

由于 $F(s)$ 的零点等于系统的闭环极点，而系统稳定的充分必要条件是闭环特征根全部位于 s 平面的左半平面，即 $F(s)$ 的零点都位于 s 平面的左半平面，故需要检验 $F(s)$ 是否具有位于 s 右半平面的零点。因此，选择一条包围整个 s 右半平面的按照顺时针方向运动的闭合曲线 Γ，称为奈氏回线，如图 5-27 所示。

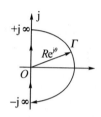

图 5-27　平面上的奈氏回线

闭合曲线 Γ 由以下三段组成：

(1) 正虚轴 $s=j\omega,\omega$ 从 $0^{+}\rightarrow+\infty$；

(2) 半径为无穷大的右半圆：$s=Re^{j\theta},R\rightarrow\infty,\theta$ 从 $-90°\rightarrow+90°$；

(3) 负虚轴 $s=j\omega,\omega$ 从 $-\infty\rightarrow0^{-}$。

设 $F(s)$ 在 s 右半平面上有 Z 个零点和 P 个极点，根据映射定理，当 s 沿奈氏回线顺时针运动一周时，在 $F(s)$ 平面上的映射曲线 Γ 将按顺时针方向绕过原点，旋转 $N=Z-P$ 圈。

已知系统稳定的充分必要条件是 $Z=0$。故当 s 沿着奈氏回线顺时针运动一周时，在 $F(s)$ 平面上的映射曲线 Γ 若围绕原点顺时针旋转 $N=-P$ 圈，即逆时针旋转 P 圈，则系统稳定，否则系统不稳定。

由于 $W_{K}(s)=F(s)-1$，所示 $F(s)$ 的 Γ 曲线围绕原点运动相当于 $W_{K}(j\omega)$ 的闭合曲线绕 $(-1,j0)$ 点运动。且对应于三段奈氏回线，映射曲线 $W_{K}(j\omega)$ 如下：

(1) ω 从 $0^{+}\rightarrow+\infty$；

(2) 半径 $R\rightarrow\infty$，而开环传递函数的分母阶次 n 大于或等于分子阶次 m，故 $W_{K}(\infty)$ 为 0 或常数。这说明 s 平面上半径为无穷大的右半圆，映射到 $W_{K}(s)$ 平面上为原点或 $(K,j0)$ 点，这对于 $W_{K}(j\omega)$ 曲线是否包围 $(-1,j0)$ 点无影响；

(3) ω 从 $-\infty\rightarrow0^{-}$。

显然，$W_{K}(s)=W_{1}(s)W_{2}(s)$ 的封闭曲线即为 ω 从 $-\infty\rightarrow+\infty$ 时的奈奎斯特曲线。

$F(s)$ 的极点是系统开环极点，所以 P 就是开环极点在 s 右半平面上的个数。故若 s 沿着奈氏回线顺时针运动一周，在 $W_{K}(s)$ 平面上的奈奎斯特曲线绕 $(-1,j0)$ 点顺时针旋转 $N=-P$ 圈，且 $W_{K}(s)$ 在 s 右半平面的极点恰好为 P，则系统稳定。

奈奎斯特稳定判据：设系统开环传递函数 $W_{K}(s)$ 在 s 右半平面上有 P 个极点，且当 ω 从 $-\infty\rightarrow+\infty$ 的奈奎斯特曲线包围 $(-1,j0)$ 点的次数为 N(若奈奎斯特曲线顺时针包围 $(-1,j0)$ 点，取 $N>0$；奈奎斯特曲线逆时针包围 $(-1,j0)$ 点，取 $N<0$)，则闭环系统特征

方程 s 在右半平面上根的个数为:

$$Z = N + P \tag{5-43}$$

若 $Z=0$,则闭环系统稳定;否则,闭环系统不稳定。

4. 开环传递函数中含有积分环节时奈奎斯特稳定判据的应用

若系统开环传递函数 $W_K(s)$ 中含有 v 个积分环节,即开环具有 $s=0$ 的重极点,分布在坐标原点上。而 $F(s)$ 的极点是系统开环 $W_K(s)$ 的极点,故 $F(s)$ 在原点处有 v 个重极点。这时,需要对奈氏回线修正,使其既不经过原点又可以包围 s 右半平面。修正如下:

以原点为圆心作一个半径 ε 为无穷小的右半圆,逆时针绕过原点,如图 5-28 所示。并用以下四段构成奈氏回线:

(1) 正虚轴 $s=j\omega$,ω 从 $0^+ \rightarrow +\infty$;

(2) 半径为无穷大的右半圆:$s=Re^{j\theta}$,$R \rightarrow \infty$,θ 从 $+90° \rightarrow 90°$;

(3) 负虚轴 $s=j\omega$,ω 从 $-\infty \rightarrow 0^-$;

(4) 半径为无穷小的右半圆:$s=\varepsilon e^{j\theta}$,$\varepsilon \rightarrow 0$,$\theta$ 从 $-90° \rightarrow +90°$。

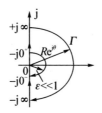

图 5-28 修正的奈氏回线

对应于上面四段奈氏回线,在 $W_K(s)$ 平面上的映射曲线即奈奎斯特曲线如下:

(1) 正虚轴 $s=j\omega$,ω 从 $0^+ \rightarrow +\infty$;

(2) $W_K(s)$ 平面上的原点或 $(K,j0)$ 点;

(3) 负虚轴 $s=j\omega$,ω 从 $-\infty \rightarrow 0^-$;

(4) ω 从 $0^- \rightarrow 0^+$,映射在 $W_K(s)$ 平面上就是沿着半径为无穷大的圆弧按顺时针方向从 $v\dfrac{\pi}{2} \rightarrow 0° \rightarrow -v\dfrac{\pi}{2}$,如图 5-29 所示。

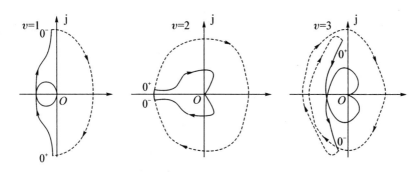

图 5-29 含有积分环节的 $W_K(j\omega)$ 曲线及其镜像图

故在开环幅相特性曲线 $W_K(j\omega)$ 及其镜像曲线上补一个半径为无穷大的圆弧,即从镜像曲线终点 $\omega=0^-$ 顺时针补一个半径为无穷大且转角为 $v\dfrac{\pi}{2}$ 的大圆弧,与 $W_K(j\omega)$ 曲

线的起点 $\omega=0^+$ 连接,再利用奈奎斯特稳定判据,其他条件不变。

例 5 - 7 设控制系统的开环传递函数为

$$W_K(s)=\frac{52}{(s+2)(s^2+2s+5)}$$

试用奈奎斯特稳定判据判定闭环系统的稳定性。

解:绘出系统的开环幅相特性曲线,如图 5 - 30 所示。当 $\omega=0$ 时,曲线起点在实轴上 $P(\omega)=5.2$。当 $\omega=\infty$ 时,终点在原点。当 $\omega=2.5$ 时曲线和负虚轴相交,交点为 $-\mathrm{j}5.06$。当 $\omega=3$ 时,曲线和负实轴相交,交点为 -2。见图 5 - 30 中实线部分。

在右半 s 平面上,系统的开环极点数为 0。开环频率特性 $W_K(\mathrm{j}\omega)$ 随着 ω 从 $-\infty$ 变化到 $+\infty$ 时,幅相特性曲线顺时针方向围绕 $(-1,\mathrm{j}0)$ 点一圈,即 $N=1$,则闭环系统在右半 s 平面的极点数为:

$$Z=N+P=1+0=1$$

所以闭环系统不稳定。

利用奈氏判据还可以讨论开环增益 K 对闭环系统稳定性的影响。当 K 值变化时,幅频特性成比例变化,而相频特性不受影响。因此,就图 5 - 30 而言,当频率 $\omega=3$ 时,曲线与负实轴正好相交在 $(-2,\mathrm{j}0)$ 点,若 K 缩小一半,取 $K=26$ 时,曲线恰好通过 $(-1,\mathrm{j}0)$ 点,这是临界稳定状态;当 $K<26$ 时,幅相特性曲线 $W_K(\mathrm{j}\omega)$ 将从 $(-1,\mathrm{j}0)$ 点的右方穿过负实轴,不再包围 $(-1,\mathrm{j}0)$ 点,这时闭环系统是稳定的。

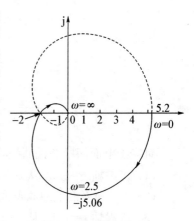

图 5 - 30 幅相特性图

例 5 - 8 设控制系统的开环传递函数为

$$W_K(s)=\frac{10}{s(s+1)(s+2)}$$

试用奈奎斯特稳定判据判别闭环系统的稳定性。

解:该系统为 I 型系统,其补画的开环奈氏曲线如图 5 - 31 所示,由图可以看出,当 ω 从 $-\infty+\to+\infty$ 变化时,$W_K(\mathrm{j}\omega)$ 增补奈氏曲线顺时针包围 $(-1,\mathrm{j}0)$ 点两次,即 $N=2$。而开环传递函数没有位于右半 s 平面上的极点,即 $P=0$,所以闭环系统在右半平面的极点数 $Z=N+P=2+0=2$,因此,闭环系统是不稳定的。

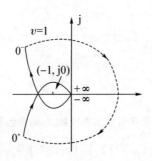

图 5 - 31 补画的奈氏曲线

5.5.2　对数频率稳定判据

对数频率稳定判据,是奈奎斯特稳定判据的又一种形式,将开环幅相特性画在对数坐标上,根据开环对数幅频和对数相频曲线的对应关系来判别闭环系统的稳定性。用奈奎斯特稳定判据判断系统的稳定性,需要有开环奈奎斯特图,而奈奎斯特图的绘制相对麻烦,对数频率特性图(伯德图)比较容易,所以对数频率稳定判据在工程上获得了广泛应用。

系统开环幅相(奈奎斯特曲线)与系统开环对数频率特性(伯德图)之间存在着一定的对应关系,如图 5-32 所示。

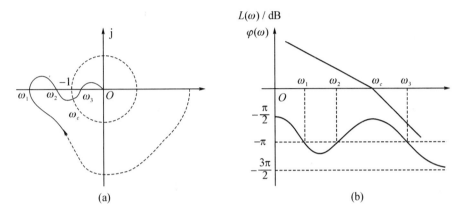

图 5-32　幅相特性曲线与对应的对数频率特性曲线

(1) 奈奎斯特图中,幅值 $|W_K(j\omega)|=1$ 的单位圆,与伯德图中的 0 dB 线相对应;

(2) 奈奎斯特图中单位圆以外,即 $|W_K(j\omega)|>1$ 的部分,与伯德图中的 0 dB 线以上部分相对应;单位圆内,即 $0<|W_K(j\omega)|<1$ 的部分,与 0 dB 线以下部分相对应;

(3) 奈奎斯特图中的负实轴与伯德图相频特性图中的 $-\pi$ 线相对应;

(4) 奈奎斯特图中在负实轴上 $(-\infty,-1)$ 区段的正、负穿越,在伯德图中映射成为在对数幅频特性曲线 $L(\omega)>0$ dB 的频段内,沿着频率 ω 增加方向,相频特性曲线 $\varphi(\omega)$ 从下往上穿越 $-\pi$ 线一次,称为一个正穿越,用 N_+ 表示;从 $-\pi$ 线开始往上称为半个正穿越。而对数幅频特性曲线 $L(\omega)>0$ dB 的频段内,沿着频率 ω 增加方向,相频特性曲线 $\varphi(\omega)$ 从上往下穿越 $-\pi$ 线一次,称为一个负穿越,用 N_- 表示;从 $-\pi$ 线开始往下称为半个负穿越。

当开环传递函数中含有积分环节时,对应在对数相频曲线上 $\omega=0^+$,用虚线向上补画 $v\dfrac{\pi}{2}$ 角。在计算正、负穿越时,应将补上的虚线看成对数相频曲线的一部分。

对数频率稳定判据:在开环对数幅频 $L(\omega)>0$ dB 的频率范围内,对应的开环对数相频曲线 $\varphi(\omega)$ 对 $-\pi$ 线的正、负穿越之差等于 $\dfrac{P}{2}$,即

$$N = N_+ - N_- = \frac{P}{2} \tag{5-44}$$

则闭环系统稳定,否则,闭环系统不稳定。式(5-44)中 P 为开环传递函数在 s 右半平面上的极点数。

例 5-9 已知系统开环传递函数为

$$W_K(s) = \frac{10}{s(0.1s+1)}$$

试用对数判据判别闭环稳定性。

解:绘制系统的开环频率特性,如图 5-32 所示。开环中含有一个积分环节,需要在相频曲线 $\omega = 0^+$ 处向上补画 $\frac{\pi}{2}$ 角。且由开环传递函数可知 $P=0$。

由图 5-33 可知,在 $L(\omega) > 0$ dB 范围内,相频曲线对 $-\pi$ 线没有穿越。即 $N_+ = N_- = 0$,则

$$N = N_+ - N_- = \frac{P}{2} = 0$$

故闭环系统稳定。

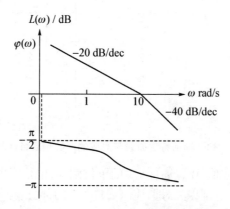

图 5-33 系统开环对数频率特性图

例 5-10 已知系统开环传递函数为

$$W_K(s) = \frac{K}{s(Ts-1)}$$

试用对数判据判别闭环稳定性。

解:绘制系统的开环频率特性,如图 5-34 所示。开环中含有一个积分环节,需要在相频曲线 $\omega = 0^+$ 处向上补画 $\frac{\pi}{2}$ 角,且由开环传递函数可知 $P=1$。

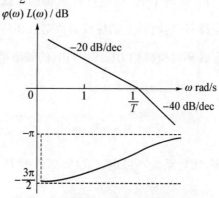

图 5-34 系统开环对数频率特性图

由图 5-34 可知,在 $L(\omega)>0$ dB 范围内,相频曲线对 $-\pi$ 线开始向下变化,有半个负穿越,即 $N_+=0$,$N_-=\frac{1}{2}$,则

$$N=N_+-N_-=0-\frac{1}{2}=-\frac{1}{2}\neq\frac{P}{2}$$

故闭环系统不稳定。

5.5.3 频域法分析系统的相对稳定性

控制系统稳定与否是绝对稳定性的概念。而对一个稳定的系统而言,还有一个稳定的程度,即相对稳定性的概念。相对稳定性与系统的动态性能指标有着密切的关系。在设计一个控制系统时,不仅要求它必须是绝对稳定的,而且还应保证系统具有一定的稳定程度。只有这样,才能不致因系统参数变化而导致系统性能变差甚至不稳定。

对于一个最小相位系统而言,$W_K(j\omega)$ 曲线越靠近点 $(-1,j0)$,系统阶跃响应的振荡就越强烈,系统的相对稳定性就越差。因此,可用 $W_K(j\omega)$ 曲线对 $(-1,j0)$ 点的接近程度来表示系统的相对稳定性。通常,这种接近程度是可以用相位裕度 γ 和增益裕度 h 来表示。

1. 相位裕度 γ

为了表示系统相位变化对系统稳定性的影响,引入相位裕度的概念。系统开环幅相特性曲线如图 5-35 所示。奈氏曲线 $W_K(j\omega)$ 与单位圆相交点的频率为 ω_c,ω_c 即为截止频率或剪切频率,且 $A(\omega_c)=|W_K(j\omega_c)|=1$,对应的相角为 $\varphi(\omega_c)$。

相位裕度 γ 是指幅相频率特性的幅值 $A(\omega_c)=|W_K(j\omega_c)|=1$ 时的向量与负实轴的夹角,如图 5-35 所示。相位裕度 γ 定义为

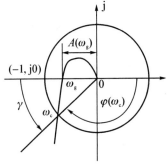

图 5-35 相位裕度和幅值裕度的定义

$$\gamma=180°+\varphi(\omega_c) \tag{5-45}$$

注意,上式中 $\varphi(\omega_c)$ 本身是负的。

通常,$\gamma>0$,系统稳定;$\gamma<0$,系统不稳定;$\gamma=0$,系统临界稳定。

相位裕度 γ 也可以在对数频率特性上表示,图 5-35 中的截止频率 ω_c 在伯德图中对应幅频特性上幅值为 0 dB 的频率,即为对数幅频特性 $L(\omega)$ 与横轴交点处的频率,如图 5-36 所示。则相位裕度即为对数频率特性上对应截止频率 ω_c 处的相角与 $-\pi$ 线的差值。

相位裕度的物理意义:稳定系统在截止频率 ω_c 处相角滞后增加 γ 度,系统处于临界稳定;若超过 γ 度,则系统不稳定。

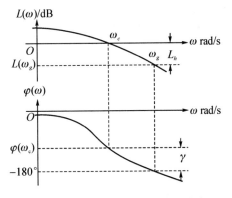

图 5-36 相对稳定性在伯德图上的表示

2. 幅值裕度 h

幅值裕度 h 表示奈氏曲线 $W_K(j\omega)$ 在负实轴上相对于 $(-1,j0)$ 点的靠近程度。奈氏曲线 $W_K(j\omega)$ 与负实轴相交点的频率为 ω_g, ω_g 称为相位穿越频率, 且 $\varphi(\omega_g) = -180°$, 幅值为 $A(\omega_g)$, 如图 5-35 所示。开环频率特性幅值 $A(\omega_g)$ 的倒数称为幅值裕度, 即

$$h = \frac{1}{A(\omega_g)} \tag{5-46}$$

幅值裕度同样也可以在对数频率特性曲线上表示, 图 5-35 中的相位穿越频率 ω_g 在伯德图中对应相频特性上相角为 $-180°$ 的频率, 如图 5-36 所示。此时, 幅值裕度用分贝数表示为

$$L_h = 20\lg h = 20\lg\frac{1}{A(\omega_g)} = -20\lg A(\omega_g) \tag{5-47}$$

幅值裕度的物理意义:稳定系统在相位穿越频率 ω_g 处幅值增大 h 倍或 $L(\omega)$ 曲线上升 L_h dB, 系统将处于临界稳定;若大于 h 倍, 则闭环系统不稳定。

5.6 开环频率特性分析系统性能

在频域中对系统进行分析、设计时, 通常是以频域指标作为依据, 不如时域指标来得直接、准确。因此, 需进一步探讨频域指标与时域指标之间的关系。考虑到对数频率特性在控制工程中应用的广泛性, 本节将以伯德图为基点, 首先讨论开环对数幅频特性 $L(\omega)$ 的形状与性能指标的关系, 然后根据频域指标与时域指标的关系估算出系统的时域响应性能。

实际系统的开环对数幅频特性 $L(\omega)$ 一般都符合如图 5-37 所示的特征:左端(频率较低的部分)高;右端(频率较高的部分)低。将 $L(\omega)$ 人为地分为三个频段:低频段、中频段和高频段。低频段主要指第一个转折点以前的频段;中频段是指截止频率 ω_c 附近的频段;高频段指频率远大于 ω_c 的频段。低频段反映了系统的稳态性能, 中频段反映了系统的动态性能, 控制系统的动态性能是我们最关心的问题, 下面将详细介绍中频段与时域性能的关系, 高频段则反映了系统抗高频干扰的能力, 对系统的动态性能影响不大, 将不作深入分析。

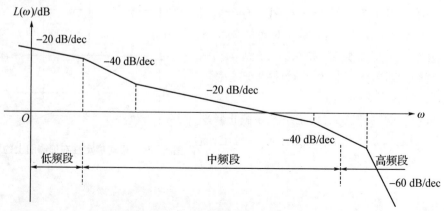

图 5-37 对数频率特性三频段的划分

需要指出,开环对数频率特性三频段的划分是相对的,各频段之间没有严格的界限。一般控制系统的频段范围在 $0.01\sim100$ Hz 之间。

5.6.1　$L(\omega)$ 低频渐近线与系统稳态误差的关系

系统开环传递函数中含积分环节的数目(系统型别)确定了开环对数幅频特性低频渐近线的斜率,而低频渐近线的高度则取决于开环增益的大小。因此,$L(\omega)$ 低频段渐近线集中反映了系统跟踪控制信号的稳态精度信息。根据 $L(\omega)$ 低频段可以确定系统型别 v 和开环增益 K,利用第三章中介绍的静态误差系数法可以确定系统在给定输入下的稳态误差。

5.6.2　$L(\omega)$ 中频段特性与系统动态性能的关系

开环对数幅频特性的中频段是指截止频率 ω_c 附近的频段。设开环部分纯粹由积分环节构成,图 5-38(a)的对数幅频特性对应一个积分环节,斜率为 -20 dB/dec,相角 $\varphi(\omega)=-90°$,因而相位裕度 $\gamma=90°$;图 5-38(b)的对数幅频特性对应两个积分环节,斜率为 -40 dB/dec,相角 $\varphi(\omega)=-180°$,因而相位裕度 $\gamma=0°$。

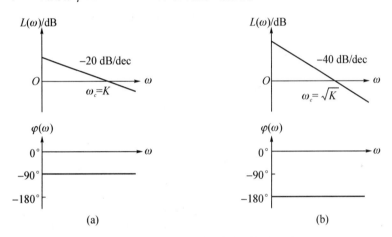

图 5-38　$L(\omega)$ 中频段对稳定性的影响

一般情况下,系统开环对数幅频特性的斜率在整个频率范围内是变化的,故截止频率 ω_c 处的相位裕度 γ 应由整个对数幅频特性中各段的斜率所共同确定。在 ω_c 处,$L(\omega)$ 曲线的斜率对相位裕度 γ 的影响最大,远离 ω_c 的对数幅频特性,其斜率对 γ 的影响就很小。为了保证系统有满意的动态性能,希望 $L(\omega)$ 曲线以 -20 dB/dec 的斜率穿过 0 dB 线,并保持较宽的频段。截止频率 ω_c 和相位裕度 γ 是系统开环频域指标,主要由中频段决定,它与系统动态性能指标之间存在着密切关系,因而频域指标是表征系统动态性能的间接指标。

1. 二阶系统

典型二阶系统的结构图可用图 5-39 表示。其中开环传递函数为

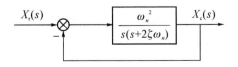

图 5-39　典型二阶系统结构图

$$W_K(s) = \frac{\omega_n^2}{s(s+2\zeta\omega_n)} \quad (0<\zeta<1)$$

相应的闭环传递函数为

$$W_B(s) = \frac{\omega_n^2}{s^2+2\zeta\omega_n s+\omega_n^2}$$

(1) γ 和 $\sigma\%$ 的关系

系统开环频率特性为

$$W_K(j\omega) = \frac{\omega_n^2}{j\omega(j\omega+2\zeta\omega_n)} \tag{5-48}$$

开环幅频和相频特性分别为

$$A(\omega) = \frac{\omega_n^2}{\omega\sqrt{\omega^2+(2\zeta\omega_n)^2}}$$

$$\varphi(\omega) = -90° - \arctan\frac{\omega}{2\zeta\omega_n}$$

在 $\omega=\omega_c$ 处,$A(\omega_c)=1$,即

$$A(\omega_c) = \frac{\omega_n^2}{\omega_c\sqrt{\omega_c^2+(2\zeta\omega_n)^2}} = 1$$

亦即

$$\omega_c^4 + 4\zeta^2\omega_n^2\omega_c^2 - \omega_n^4 = 0$$

解之,得

$$\omega_c = \sqrt{\sqrt{4\zeta^4+1}-2\zeta^2} \cdot \omega_n \tag{5-49}$$

当 $\omega=\omega_c$ 时,有

$$\varphi(\omega_c) = -90° - \arctan\frac{\omega_c}{2\zeta\omega_n}$$

由此可得系统的相位裕度为

$$\gamma = 180° + \varphi(\omega_c) = 90° - \arctan\frac{\omega_c}{2\zeta\omega_n} = \arctan\frac{2\zeta\omega_n}{\omega_c} \tag{5-50}$$

将式(5-49)代入式(5-50)得

$$\gamma = \arctan\frac{2\zeta}{\sqrt{\sqrt{4\zeta^4+1}-2\zeta^2}} \tag{5-51}$$

根据式(5-51),可以画出 γ 和 ζ 的函数关系曲线如图 5-39 所示。

另一方面,典型二阶系统超调量

$$\sigma\% = e^{-\pi\zeta/\sqrt{1-\zeta^2}} \times 100\% \tag{5-52}$$

为便于比较,将式(5-52)的函数关系也一并绘于图5-40中。

从图5-40所示曲线可以看出:γ越小(即ζ小),$\sigma\%$就越大;反之,γ越大,$\sigma\%$就越小。通常希望$30° \leqslant \gamma \leqslant 60°$。

(2) γ、ω_c与t_s的关系

由时域分析法可知,典型二阶系统调节时间(取$\Delta = 0.05$时)为

$$t_s = \frac{3.5}{\zeta\omega_n} \quad (5-53)$$

将式(5-49)与式(5-53)相乘得

$$t_s\omega_c = \frac{3.5}{\zeta}\sqrt{\sqrt{4\zeta^4+1}-2\zeta^2} \quad (5-54)$$

再由式(5-51)和式(5-54)可得

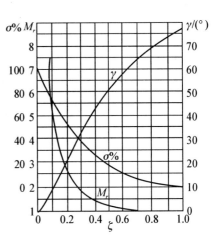

图5-40 二阶系统$\sigma\%$、M_r、γ与ζ的关系曲线

$$t_s\omega_c = \frac{7}{\tan\gamma} \quad (5-55)$$

将式(5-55)的函数关系绘成曲线,如图5-41所示。可见,调节时间t_s与相位裕度γ和截止频率ω_c都有关。当γ确定时,t_s与ω_c成反比。换言之,如果两个典型二阶系统的相角裕度γ相同,那么它们的超调量也相同,这样,ω_c较大的系统,其调节时间t_s必然较短。

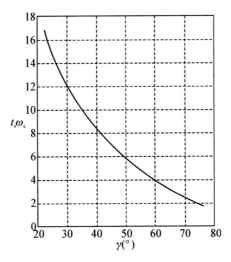

图5-41 二阶系统$t_s\omega_c$与γ的关系曲线

例5-11 二阶系统结构图,如图5-42所示。试分析系统开环频域指标与时域指标的关系。

解:系统的开环传递函数为

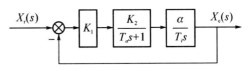

图5-42 系统结构图

$$W_K(s) = \frac{K_1 K_2 \alpha}{T_i s(T_a s + 1)} = \frac{K}{s(T_a s + 1)}$$

上式中，$K = K_1 K_2 \alpha / T_i$，转折频率为 $\omega_2 = 1/T_a$。若取

$$\omega_c = 1/2T_a = \omega_2/2 \tag{5-56}$$

则开环对数幅频特性如图 5-43 所示。

系统的相位裕度为

$$\gamma = 180° + \varphi(\omega_c) = 180° + (-90° - \arctan \omega_c T_a)$$
$$= 180° + \left(-90° - \arctan \frac{1}{2T_a} \cdot T_a\right) = 63.4°$$

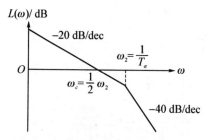

图 5-43 系统对数幅频特性曲线

根据所求得的 γ 值，查图 5-40 可得 $\zeta = 0.707$，$\sigma\% = 4.3\%$。由图 5-41 查得 $t_s \omega_c = 3.5$。再由式(5-56)得

$$t_s = \frac{3.5}{\omega_c} = \frac{7}{\omega_2} = 7T_a$$

若增加开环增益 K，则图 5-42 的 $L(\omega)$ 向上平移，ω_c 右移。当 ω_c 移至更靠近 ω_2 时，相位裕度变得较小，超调量自然变大。例如，若选 $\omega_c = \omega_2 = 1/T_a$ 时，则相位裕度 $\gamma = 45°$，从上述曲线查得 $\zeta = 0.42$，$\sigma\% = 23\%$。若开环增益 K 值进一步加大，则 ω_c 将落在斜率为 -40 dB/dec 的高频渐近线段上，相位裕度将变得更小，超调量就更大。

2. 高阶系统

对于高阶系统，开环频域指标与时域指标之间没有准确的关系式。但是大多数实际系统，开环频域指标 γ 和 ω_c 能反映暂态过程的基本性能。为了说明开环频域指标与时域指标的近似关系，介绍如下两个关系式：

$$\sigma\% = \left[0.16 + 0.4\left(\frac{1}{\sin\gamma} - 1\right)\right] \times 100\% \quad (35° \leqslant \gamma \leqslant 90°) \tag{5-57}$$

$$t_s = \frac{K\pi}{\omega_c} \tag{5-58}$$

式中：

$$K = 2 + 1.5\left(\frac{1}{\sin\gamma} - 1\right) + 2.5\left(\frac{1}{\sin\gamma} - 1\right)^2 \quad (35° \leqslant \gamma \leqslant 90°) \tag{5-59}$$

由式(5-57)和(5-59)可以看出，超调量 $\sigma\%$ 随相位裕度 γ 的减小而增大；调节时间

t_s 随 γ 的减小而增大,但随 ω_c 的增大而减小。

由上面对二阶系统和高阶系统的分析可知,系统的开环频率特性反映了系统的闭环响应性能。对于最小相位系统,由于开环幅频特性与相频特性有确定的关系。因此,相位裕度 γ 取决于系统开环对数幅频特性的形式,但开环对数幅频特性中频段(ω_c 附近的区段)的形状,对相位裕度影响最大,所以闭环系统的动态性能主要取决于开环对数幅频特性的中频段。

5.6.3 $L(\omega)$高频段对系统性能的影响

$L(\omega)$ 的高频段特性是由小时间常数的环节构成的,其转折频率均远离截止频率 ω_c,所以对系统的动态响应影响不大。但是,从系统抗干扰的角度出发,研究高频段的特性是具有实际意义的,现说明如下:

对于单位反馈系统,开环频率特性 $W_K(j\omega)$ 和闭环频率特性 $W_B(j\omega)$ 的关系为

$$W_B(j\omega) = \frac{W_K(j\omega)}{1+W_K(j\omega)} \tag{5-60}$$

在高频段,一般有 $20\lg|W_K(j\omega)| \ll 0$,即 $|W_K(j\omega)| \ll 1$。故由上式(5-60)可得

$$|W_B(j\omega)| = \frac{|W_K(j\omega)|}{|1+W_K(j\omega)|} \approx |W_K(j\omega)| \tag{5-61}$$

即在高频段,闭环幅频特性近似等于开环幅频特性。

因此,$L(\omega)$ 高频段的幅值,直接反映出系统对输入端高频信号的抑制能力,高频段的分贝值越低,说明系统对高频信号的衰减作用越大,即系统的抗高频干扰能力越强。

综上所述,希望的开环对数幅频特性应具有如下的性质:

(1)如果要求具有一阶或二阶无静差特性,则开环对数幅频特性的低频段应有 -20 dB/dec 或 -40 dB/dec 的斜率。为保证系统的稳态精度,低频段应有较高的增益。

(2)开环对数幅频特性以 -20 dB/dec 斜率穿过 0 dB 线,且具有一定的中频宽度,这样系统就有一定的稳定裕度,以保证闭环系统具有一定的平稳性。

(3)具有尽可能大的截止频率 ω_c,以提高闭环系统的快速性。

(4)为了提高系统抗高频干扰的能力,开环对数幅频特性高频段应有较大的斜率。

5.7 闭环频率特性分析系统性能

5.7.1 闭环频率特性

对单位反馈系统,开环与闭环频率特性的关系为

$$W_B(j\omega) = \frac{W_K(j\omega)}{1+W_K(j\omega)}$$

若已知开环频率特性,可求得系统(或环节)的闭环频率特性。

闭环幅频特性的典型形状,如图5-44所示。由图可见,闭环幅频特性的低频部分变化缓慢,较为平滑,随着 ω 增大,幅频特性出现最大值,继而以较大的陡度衰减至零,这种典型的闭环幅频特性可用下面几个特征量来描述。

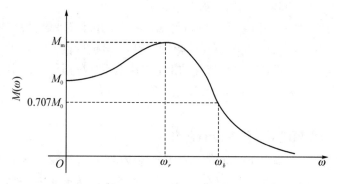

图 5 - 44　典型闭环幅频特性

(1) 零频幅值 M_0：$\omega = 0$ 时的闭环幅频特性值。

(2) 谐振峰值 M_r：幅频特性极大值与零频幅值之比，即 $M_r = \dfrac{M_m}{M_0}$。在 I 型和 I 型以上系统，$M_0 = 1$，则谐振峰值是幅频特性极大值。

(3) 谐振频率 ω_r：出现谐振峰值时的频率。

(4) 系统频带宽 ω_b：闭环频率特性的幅值减小到 $0.707\,M_0$ 时的频率，称为频带宽，用 ω_b 表示。频带越宽，表明系统能通过较高频率的输入信号。因此 ω_b 高的系统，一方面重现输入信号的能力强，另一方面，抑制输入端高频噪声的能力弱。

5.7.2　闭环频域指标与时域指标的关系

用闭环频率特性分析系统的动态性能，一般用谐振峰值 M_r 和频带宽 ω_b（或谐振频率 ω_r）作为闭环频域指标。

1. 二阶系统

由上节可知，典型二阶系统闭环传递函数为

$$W_B(s) = \frac{\omega_n^2}{s^2 + 2\zeta\omega_n s + \omega_n^2} \quad (0 < \zeta < 1) \tag{5-62}$$

对应式(5-62)写出二阶典型系统的闭环频率特性为：

$$W_B(j\omega) = \frac{\omega_n^2}{(j\omega)^2 + 2\zeta\omega_n(j\omega) + \omega_n^2} = \frac{\omega_n^2}{(\omega_n^2 - \omega^2) + j2\zeta\omega_n\omega} \tag{5-63}$$

式(5-63)也是振荡环节的频率特性。

(1) M_r 与 $\sigma\%$ 的关系

典型二阶系统的闭环幅频特性为

$$M(\omega) = \frac{\omega_n^2}{\sqrt{(\omega_n^2 - \omega^2)^2 + (2\zeta\omega_n\omega)^2}} \tag{5-64}$$

在 ζ 较小时，幅频特性 $M(\omega)$ 出现峰值。其谐振峰值 M_r 和谐振频率 ω_r 可用极值条件求得，即令

$$\frac{dM(\omega)}{d\omega} = 0$$

则谐振频率为：

$$\omega_r = \omega_n \sqrt{1 - 2\zeta^2} \quad (0 < \zeta \leqslant 0.707) \tag{5-65}$$

将式(5-65)代入式(5-64)中,可求得幅频特性峰值。因 $\omega = 0$ 时的幅频为 $M_0 = 1$,则求得幅频特性峰值即是谐振峰值,即

$$M_r = \frac{1}{2\zeta \sqrt{1 - \zeta^2}} \quad (0 < \zeta \leqslant 0.707) \tag{5-66}$$

当 $\zeta > 0.707$ 时, ω_r 为虚数,说明不存在谐振峰值,幅频特性单调衰减。 $\zeta = 0.707$ 时, $\omega_r = 0$, $M_r = 1$。当 $\zeta < 0.707$ 时, $\omega_r > 0$, $M_r > 1$。若 $\zeta \rightarrow 0$ 时, $\omega_r \rightarrow \omega_n$, $M_r \rightarrow \infty$。

将式(5-66)所表示的 M_r 与 ζ 的关系也绘于图5-40中。由图5-40明显看出, M_r 越小,超调量 $\sigma\%$ 越小,即系统阻尼性能越好。如果谐振峰值较高,系统动态过程超调大,收敛慢,平稳性及快速性都差。

(2) M_r、 ω_b 与 t_s 的关系

在频率 ω_b 处,典型二阶系统闭环频率特性的幅值为

$$M(\omega_b) = \frac{\omega_n^2}{\sqrt{(\omega_n^2 - \omega_b^2)^2 + (2\zeta\omega_n\omega_b)^2}}$$

解出 ω_b 与 ω_n、 ζ 的关系为

$$\omega_b = \omega_n \sqrt{1 - 2\zeta^2 + \sqrt{2 - 4\zeta^2 + 4\zeta^4}} \tag{5-67}$$

由 $t_s \approx \dfrac{3}{\zeta\omega_n}$ 求得 ω_n,代入式(5-67)中,得

$$\omega_b t_s = \frac{3}{\zeta} \sqrt{1 - 2\zeta^2 + \sqrt{2 - 4\zeta^2 + 4\zeta^4}} \tag{5-68}$$

将式(5-66)与式(5-68)联系起来,可求得 $\omega_b t_s$ 与 M_r 的关系,绘成曲线如图5-45所示。由图5-45可看出 M_r、 ω_b 与 t_s 的关系。对于给定的谐振峰值 M_r,调节时间 t_s 与频带宽 ω_b 成反比。如果系统有较宽的频带,则说明系统自身的惯性很小,动作过程迅速,系统的快速性好。

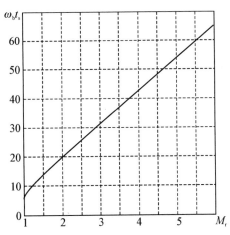

图5-45　二阶系统 $\omega_b t_s$ 与 M_r 的关系曲线

2. 高阶系统

对于高阶系统，难以找出闭环频域指标和时域指标之间的确切关系。但如果高阶系统存在一对共轭复数闭环主导极点，可针对二阶系统建立的关系近似采用。为了估计高阶系统时域指标和频域指标的关系，可以采用如下近似经验公式：

$$\sigma = 0.16 + 0.4(M_r - 1) \quad (1 \leqslant M_r \leqslant 1.8) \tag{5-69}$$

和

$$t_s = \frac{K\pi}{\omega_c} \tag{5-70}$$

式中，

$$K = 2 + 1.5(M_r - 1) + 2.5(M_r - 1)^2 \quad (1 \leqslant M_r \leqslant 1.8) \tag{5-71}$$

式(5-69)表明，高阶系统的超调量 $\sigma\%$ 随 M_r 增大而增大。式(5-70)则表明，调节时间 t_s 随 M_r 增大而增大，且随 ω_c 增大而减小。式(5-69)和式(5-70)的关系，如图5-46所示。

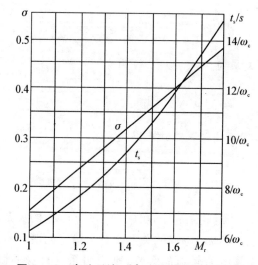

图5-46　高阶系统 $\sigma\%$、t_s 与 M_r 的关系曲线

习　题

5.1　已知某系统的传递函数为

$$W(s) = \frac{4}{3s+2}$$

当外加输入为 $x_r(t) = A_0 \sin\left(\dfrac{2}{3}t + 45°\right)$ 时，试求其稳态输出 $x_{css}(t)$。

5.2　典型二阶系统的开环传递函数为

$$W_K(s) = \frac{\omega_n^2}{s(s+2\zeta\omega_n)}$$

当外加输入为 $x_r(t) = 2\sin t$ 时，系统的稳态输出为 $x_{css}(t) = 2\sin(t - 45°)$，试确定系统参数 ω_n 和 ζ。

5.3 已知系统开环传递函数为

$$W_K(s) = \frac{10}{s(2s+1)(s^2+0.5s+1)}$$

试分别计算 $\omega = 0.5$ 和 $\omega = 2$ 时开环频率特性的幅值 $A(\omega)$ 和相角 $\varphi(\omega)$。

5.4 设系统的开环幅相频率特性曲线如图 5-47 所示。试判断闭环系统的稳定性。图中 P 为开环传递函数右半平面的极点数，v 为开环传递函数中含有积分环节的个数。

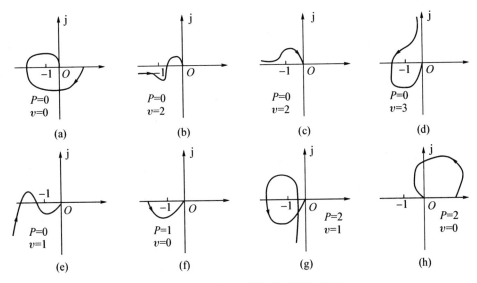

图 5-47 系统开环幅相频率特性曲线

5.5 已知系统的开环传递函数如下所示，试绘制系统的开环幅相特性曲线，并根据奈氏判据确定闭环系统的稳定性。

(1) $W_K(s) = \frac{10(s+1)}{s^2}$;

(2) $W_K(s) = \frac{10}{s(s+1)(s+2)}$;

(3) $W_K(s) = \frac{10(0.1s+1)}{s^2(s+1)}$。

5.6 绘制下列传递函数的渐近对数幅频特性曲线和相频特性曲线。

(1) $W_K(s) = \frac{2}{(2s+1)(8s+1)}$;

(2) $W_K(s) = \frac{10}{s(s+1)(2s+1)}$;

(3) $W_K(s) = \frac{200}{s^2(s+1)(10s+1)}$。

5.7 某 I 型和 II 型系统的对数幅频特性渐近曲线如图 5-48 所示。试证明：

(1) $\omega_1 = K_v$;

（2）$\omega_2 = \sqrt{K_a}$。

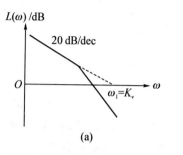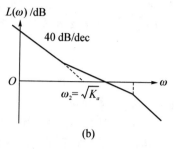

图 5 – 48　对数幅频渐近特性曲线

5.8　三个最小相位系统传递函数的近似对数幅频特性曲线分别如图 5 – 49 所示。要求：

（1）写出对应的传递函数；

（2）概略绘制对应的对数相频特性曲线。

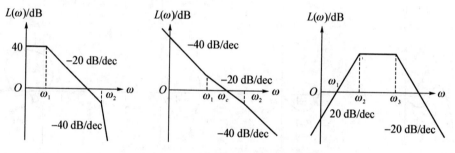

图 5 – 49　对数幅频渐近特性曲线

5.9　设某系统的开环传递函数为

$$W_K(s) = \frac{K}{s(s+2)(s+3)}$$

试求：

（1）相位裕度为 60° 时的 K 值；

（2）此时系统的增益裕度 h（或 L_h）。

第六章 自动控制系统的校正

前面第二章至第五章主要是根据已知的系统元器件和参数,根据时域、频域或根轨迹法分析系统的性能指标,称为系统的分析。而在实际工程中,常常需要对控制系统进行设计,控制系统的设计大致可分为两类:一类是预先给出某种设计指标,这种指标通常以严格的数学形式给出,然后确定某种控制方式,通过解析的方式找到满足预定指标的最优(或次优)控制器,这个过程通常称为系统的综合;另一类是制定控制系统的期望性能指标,并根据已知指标计算出开环系统特性,然后将期望的开环特性与实际的开环特性相比较,根据比较结果,在开环系统中增加某种校正装置,并计算出其参数,这个过程通常称为系统的校正。本章主要讨论系统的校正问题。

6.1 控制系统校正的基本概念

6.1.1 系统的性能指标

控制系统的性能指标主要有两种提法:一种是时域性能指标,包括暂态性能指标和稳态性能指标;另一种是频域性能指标,包括开环频域指标和闭环频域指标。

1. 时域性能指标

(1) 暂态性能指标

暂态性能指标主要是指调节时间 t_s 和超调量 $\sigma\%$。此外,上升时间 t_r、峰值时间 t_p 等也都属于暂态性能指标。

(2) 稳态性能指标

稳态性能指标主要包括静态位置误差系数 K_p、静态速度误差系数 K_v、静态加速度误差系数 K_a,以及稳态误差 e_{ss}。此外,扰动所引起的稳态误差也属于稳态性能指标的范畴。

2. 频域性能指标

(1) 开环频域指标

开环频域指标主要是指截止频率 ω_c、相位裕度 γ 和幅值裕度 L_h。

(2) 闭环频域指标

闭环频域指标主要是指谐振频率 ω_r、谐振峰值 M_r 和带宽频率 ω_b。

二阶系统的暂态性能指标如下:

$$t_s = \frac{4}{\zeta \omega_n} (\Delta = 2°) \tag{6-1}$$

$$\sigma\% = e^{-\pi\zeta/\sqrt{1-\zeta^2}} \times 100\% \tag{6-2}$$

$$\beta = \arctan \frac{\sqrt{1-\zeta^2}}{\zeta} \tag{6-3}$$

$$t_r = \frac{\pi - \beta}{\omega_n \sqrt{1-\zeta^2}} \tag{6-4}$$

$$t_p = \frac{\pi}{\omega_n \sqrt{1-\zeta^2}} \tag{6-5}$$

二阶系统的频域指标如下:

$$\omega_c = \omega_n \sqrt{\sqrt{1+4\zeta^4} - 2\zeta^2} \tag{6-6}$$

$$\gamma = \arctan \frac{2\zeta}{\sqrt{\sqrt{1+4\zeta^4} - 2\zeta^2}} \tag{6-7}$$

$$\omega_r = \omega_n \sqrt{1-2\zeta^2} \quad (0 < \zeta \leqslant 0.707) \tag{6-8}$$

$$M_r = \frac{1}{2\zeta \sqrt{1-\zeta^2}} \quad (0 < \zeta \leqslant 0.707) \tag{6-9}$$

$$\omega_b = \omega_n \sqrt{\sqrt{2-4\zeta^2+4\zeta^4} + 1 - 2\zeta^2} \tag{6-10}$$

$$\omega_c t_s = \frac{8}{\tan\gamma} (\Delta = 2°) \tag{6-11}$$

高阶系统时域性能指标和开环频域性能指标之间的近似关系如下:

$$\sigma\% = \left[0.16 + 0.4\left(\frac{1}{\sin\gamma} - 1\right)\right] \times 100\% \quad (35° \leqslant \gamma \leqslant 90°) \tag{6-12}$$

$$t_s = \frac{\pi\left[2 + 1.5\left(\frac{1}{\sin\gamma} - 1\right) + 2.5\left(\frac{1}{\sin\gamma} - 1\right)^2\right]}{\omega_c} \quad (35° \leqslant \gamma \leqslant 90°) \tag{6-13}$$

高阶系统时域性能指标和闭环频域性能指标之间的近似关系如下:

$$\sigma\% = \left[0.16 + 0.4(M_r - 1)\right] \times 100\% \quad (1 \leqslant M_r \leqslant 1.8) \tag{6-14}$$

$$t_s = \frac{\pi\left[2 + 1.5(M_r - 1) + 2.5(M_r - 1)^2\right]}{\omega_b} \quad (1 \leqslant M_r \leqslant 1.8) \tag{6-15}$$

6.1.2 系统的校正方式

按照校正装置在控制系统中的连接方式,控制系统常用的校正方式有串联校正、反馈校正和前馈校正三种。

1. 串联校正

串联校正是设计中最常用的校正方式。串联校正中校正装置串接于系统的前向通道中,如图 6-1 所示。$W_c(s)$ 是校正装置的传递函数。为了减小校正装置的功率输出,降低成本和功耗,串联校正装置一般接在系统误差测试点之后和放大器之前,即低功率部分。

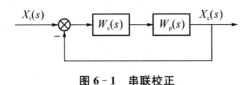

图 6 - 1　串联校正

2. 反馈校正

反馈校正中校正装置接于系统的局部反馈通道中,如图 6 - 2 所示。反馈校正的信号从高功率点传向低功率点,一般不需要附加放大器。

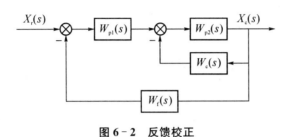

图 6 - 2　反馈校正

3. 前馈校正

前馈校正主要有两种方式:按给定补偿和按扰动补偿的方式,如图 6 - 3 所示。前馈校正的输入取自闭环之外,故不影响系统的闭环特征式。前馈校正是根据开环补偿来提高系统的控制效果,前馈校正一般不单独使用,常常和其他校正方式结合构成复合校正,以满足对控制性能要求高的系统需要。

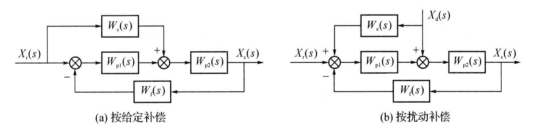

(a) 按给定补偿　　　　　　　　　　　(b) 按扰动补偿

图 6 - 3　前馈校正

6.1.3　校正装置的设计方法

系统校正的工作主要是按照性能指标的要求设计合适的校正装置,即选择合适的校正装置结构,并确定其参数。常用的工程设计方法有根轨迹法、频率特性法以及等效结构与等效传递函数法。

1. 根轨迹法

根轨迹法属于一种图解的设计方法。采用根轨迹法进行系统校正,主要是在系统中加入校正装置,即加入新的开环零、极点,新的零、极点将会改变原系统的根轨迹形状,使校正后的系统闭环极点,向有利于改善系统性能的方向改变,使系统闭环零、极点分布重新布局,从而满足闭环系统的性能要求,达到校正的目的。

2. 频率特性法

频率特性法也属于图解的设计方法,既可以在奈奎斯特图上进行,也可以在 Bode 图上进行。由于 Bode 图易于绘制，并且从 Bode 图上可以清楚地看出影响系统性能的因素，采用 Bode 图校正的居多。其设计思路是利用校正装置并配合开环增益的调整，来改变原系统频率特性的形状，使其具有合适的低频段、中频段和高频段，从而使开环系统经校正与增益调整后的频率特性图能满足系统性能指标的要求。

3. 等效结构与等效传递函数法

等效结构与等效传递函数法主要是利用前面几章讲解的单位负反馈以及典型一、二阶的性能指标，运用这些结果，将给定结构等效为已知的典型结构进行对比分析，使问题简化。

综上，系统校正的方法不是唯一的，即为达到性能指标的要求，所采用的校正装置的形式也不是唯一的，具有很大的灵活性，这就给工程设计带来了困难。但以上几种方法都是建立在系统性能定性分析和定量估算的基础上，其基础都是一、二阶系统，故前面几章的概念和分析方法是进行校正设计的基础。理论的指导性固然重要，然而实践经验的积累更加起决定性作用。

6.2　串联校正

串联校正的系统结构图，如图 6-1 所示。$W_c(s)$ 是校正装置的传递函数，$W_p(s)$ 是系统不变部分的传递函数。在实际工程中，常用的串联校正有串联超前、串联滞后和滞后-超前校正。

6.2.1　相位超前校正

1. 超前校正

超前校正又称为微分校正。相位超前校正装置的传递函数为

$$W_c(s) = \frac{1+aTs}{1+Ts}(a > 1) \qquad (6-16)$$

式(6-16)对应的 Bode 图，如图 6-4 所示。

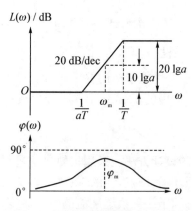

图 6-4　超前校正装置的 Bode 图

由图 6-4 可见，式(6-16)校正装置作用的主要特点是提供正的相移，故称其为相位超前校正。在转折频率 $\omega_1 = \dfrac{1}{aT}$ 和 $\omega_2 = \dfrac{1}{T}$ 之间存在着最大的相位超前角 φ_m。根据超前

装置的相频特性表达式,即

$$\varphi(\omega) = \arctan a\omega T - \arctan \omega T \qquad (6-17)$$

由 $\dfrac{\mathrm{d}\varphi(\omega)}{\mathrm{d}\omega} = 0$,可求得最大超前角频率为

$$\omega_{\mathrm{m}} = \frac{1}{\sqrt{a}T} \qquad (6-18)$$

将式(6-18)代入到式(6-17),可求得超前角的最大值为

$$\varphi_{\mathrm{m}} = \arcsin \frac{a-1}{a+1} \qquad (6-19)$$

且这一最大值发生在对数频率特性曲线的几何中心处。

2. 超前校正的步骤

利用超前装置进行串联校正的基本原理,是利用超前装置的相角超前特性。只需要正确地将超前装置的转折频率 $\omega_1 = \dfrac{1}{aT}$ 和 $\omega_2 = \dfrac{1}{T}$ 选在待校正系统截止频率的两侧,并选择合适的参数 a 和 T,使已校正系统的截止频率和相位裕度满足性能指标的要求,改善闭环系统的动态性能。并通过选择已校正系统的开环增益来保证闭环系统的稳态性能。用频率特性法设计超前校正装置的步骤如下:

(1) 根据稳态误差的要求,选择合适的开环增益 K。

(2) 根据已确定的开环增益 K,绘制原系统的对数频率特性 $L_0(\omega)$ 和 $\varphi(\omega)$,并计算其相位裕度 γ 和增益裕度 L_{h}。

(3) 确定校正后系统的截止频率 $\omega_{\mathrm{c}}{}'$ 和校正装置的 a 值。

① 若已对校正后系统的截止频率 $\omega_{\mathrm{c}}{}'$ 提出要求,则按要求选择。之后在对数频率特性图上查得原系统的 $L_0(\omega_{\mathrm{c}}{}')$ 值。取 $\omega_{\mathrm{m}} = \omega_{\mathrm{c}}{}'$,使超前装置的对数幅频 $L_{\mathrm{c}}(\omega_{\mathrm{m}}) = 10\lg a$ 与 $L_0(\omega_{\mathrm{c}}{}')$ 之和为 0,即

$$L_0(\omega_{\mathrm{c}}{}') + 10\lg a = 0 \qquad (6-20)$$

② 若未对校正后系统的截止频率 $\omega_{\mathrm{c}}{}'$ 提出要求,则可从给出的相位裕度 γ 出发,通过下面经验公式求取超前装置的最大超前角 φ_{m} 为

$$\varphi_{\mathrm{m}} = \gamma - \gamma_0 + \Delta \qquad (6-21)$$

上式中,γ 为校正后系统所要求的相位裕度;γ_0 为校正前系统的相位裕度;Δ 为校正装置引入后使截止频率右移(增大)而导致相位裕度减小的补偿量,Δ 的值根据原系统在 ω_{c} 附近的相频特性形状而定,一般取 $\Delta = 5° \sim 10°$。

确定超前装置的最大超前角 φ_{m} 后,就可以根据式(6-19)求出 a 值,然后在未校正系统的 $L_0(\omega)$ 上查出幅值等于 $-10\lg a$ 所对应的频率,即为校正后系统的截止频率 $\omega_{\mathrm{c}}{}'$,且 $\omega_{\mathrm{m}} = \omega_{\mathrm{c}}{}'$。

(4) 确定超前校正装置的传递函数。根据第(3)步求得的 a 和 ω_{m} 值,根据式(6-18),求出时间常数为

$$T = \frac{1}{\omega_{\mathrm{m}} \sqrt{a}} \qquad\qquad (6-22)$$

即可写出超前校正装置的传递函数为

$$W_{\mathrm{c}}(s) = \frac{1 + aTs}{1 + Ts}$$

（5）绘制校正装置和校正后系统的对数频率特性曲线 $L_{\mathrm{c}}(\omega)$、$\varphi_{\mathrm{c}}(\omega)$、$L(\omega)$ 和 $\varphi(\omega)$。

（6）校验校正后的系统是否满足性能指标的要求。若校正后的系统满足要求，则设计工作结束。反之，若校正后的系统仍不满足要求，则需要重新确定 φ_{m} 和 ω_{c}'，重新计算，直至所有指标完全满足要求为止。

例 6-1 设某控制系统的结构图，如图 6-5 所示。要求设计校正装置 $W_{\mathrm{c}}(s)$ 和调整 K，使得系统在单位速度信号 $x_{\mathrm{r}}(t) = t$ 作用下的稳态误差 $e_{\mathrm{ssr}} \leqslant 0.01$，且相位裕度 $\gamma \geqslant 45°$，截止频率 $\omega_{\mathrm{c}} \geqslant 40 \ \mathrm{rad/s}$。

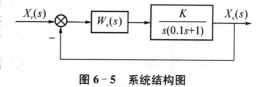

图 6-5 系统结构图

解：（1）由题目要求，稳态误差 $e_{\mathrm{ssr}} \leqslant 0.01$，求 K。

在单位速度信号作用下，由

$$e_{\mathrm{ssr}} = \frac{1}{K} \leqslant 0.01$$

可得

$$K \geqslant 100$$

取

$$K = 100$$

（2）根据已确定的 K 值，作出未校正系统的开环渐近幅频和相频特性曲线，如图 6-6 中的 L_0 和 φ_0 所示。

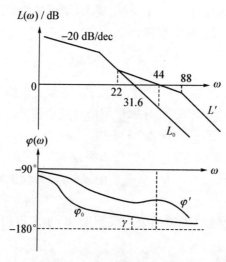

图 6-6 系统串联超前校正

频率特性：$W(j\omega) = \dfrac{100}{j\omega(0.1j\omega + 1)}$

幅频特性：$A(\omega) = \dfrac{100}{\omega\sqrt{(0.1\omega)^2 + 1}}$

对数幅频特性：$L_0(\omega) = 20\lg100 - 20\lg\omega - 20\lg\sqrt{(0.1\omega)^2 + 1}$

相频特性：$\varphi_0(\omega) = -90° - \arctan0.1\omega$

由

$$A(\omega_c) \approx \frac{100}{\omega_c 0.1\omega_c} = 1$$

得

$$\omega_c = 31.6 \text{ rad/s}$$

$$\varphi_0(\omega_c) = -90° - \arctan(0.1 \times 31.6) = -162.5°$$

$$\gamma = 180° + \varphi_0(\omega_c) = 17.5°$$

由以上分析可知，相位裕度 γ 和截止频率 ω_c 都不能满足要求。

（3）选取校正装置

由于满足稳态要求时，ω_c 和 γ 均比期望的小，因此要求选取的校正装置 $W_c(s)$，能使校正后的系统截止频率和相位裕度同时增大，故选取式（6-16）的相位超前校正装置。

（4）校正装置 $W_c(s)$ 中的参数确定

根据校正后系统截止频率 $\omega_c' \geqslant 40$ 的要求，选取 $\omega_c' \geqslant 44 = \omega_m$。

因为

$$L_0(\omega_c') = L_0(44) = -6 \text{ dB}$$

故

$$L_c(\omega_c') = L_c(44) = 10\lg a = 6 \text{ dB}$$

得

$$a = 4$$

又根据

$$\omega_m = \frac{1}{\sqrt{a}T} = 44$$

有

$$T = 0.011\,36$$

所以，校正装置传递函数为

$$W_c(s) = \frac{1 + aTs}{1 + Ts} = \frac{1 + 0.045\,44s}{1 + 0.011\,36s}$$

（5）校验校正后的结果

校正后系统的开环传递函数为

$$W_c(s)W(s) = \frac{100(1+0.045\ 44s)}{s(1+0.011\ 36s)(0.1s+1)}$$

校正后的系统 Bode 图,如图 6-6 中的 L' 和 φ'。

根据

$$\varphi_0(44) = -167.2°$$

$$\varphi_m = \arcsin\frac{a-1}{a+1} = 37°$$

有

$$\gamma' = 180° + \varphi_0(44) + \varphi_m$$
$$= 180° - 167.2° + 37° = 49.8°$$

满足性能指标要求。

6.2.2 相位滞后校正

1. 滞后校正

滞后校正又称为积分校正。滞后校正装置的传递函数为

$$W_c(s) = \frac{1+bTs}{1+Ts}(b<1) \tag{6-23}$$

式(6-23)的传递函数对应的 Bode 图,如图 6-7 所示。

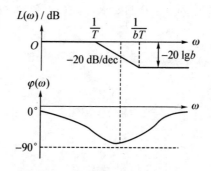

图 6-7 滞后校正装置的 Bode 图

从图 6-7 可以看出,滞后校正装置的幅频特性,从转折频率 $\omega_1 = \dfrac{1}{T}$ 处发生衰减,且在 $\omega_2 = \dfrac{1}{bT}$ 处衰减了 $|20\lg b|$ dB,这一性质称滞后校正环节的高频衰减特性。另外,它的相频特性总是负值,故称为滞后校正,且相位滞后主要发生在 $\omega_1 = \dfrac{1}{T}$ 和 $\omega_2 = \dfrac{1}{bT}$ 之间。

2. 滞后校正的步骤

利用滞后校正进行串联校正的基本原理,是利用滞后装置的高频衰减特性,使已校正系统的截止频率下降,从而使系统获得足够的相位裕度。用频率特性法设计滞后校正的步骤如下:

(1)根据稳态误差的要求,选择合适的开环增益 K。

(2)根据已确定的开环增益 K,绘制原系统的对数频率特性 $L_0(\omega)$ 和 $\varphi(\omega)$,并计算

其相位裕度 γ 和增益裕度 L_{h}。

（3）确定校正后系统的截止频率 $\omega_{\mathrm{c}}{}'$。

①若已对校正后系统的截止频率 $\omega_{\mathrm{c}}{}'$ 提出要求，则按要求选择。

②若未对校正后系统的截止频率 $\omega_{\mathrm{c}}{}'$ 提出要求，则可从给出的相位裕度 γ 出发，通过下面经验公式求取一个新的相位裕度 $\gamma(\omega_{\mathrm{c}}{}')$，并以此作为求 $\omega_{\mathrm{c}}{}'$ 的依据。

$$\gamma(\omega_{\mathrm{c}}{}') = \gamma + \Delta \qquad (6-24)$$

上式中，$\gamma(\omega_{\mathrm{c}}{}')$ 为原系统在新的截止频率 $\omega_{\mathrm{c}}{}'$ 处应有的相位裕度；γ 为设计要求达到的相位裕度；Δ 为补偿校正装置的副作用而增加的相位裕度，一般取 $\Delta = 5° \sim 15°$。

根据 $\gamma(\omega_{\mathrm{c}}{}')$ 的值，在原系统的相频特性曲线上查找对应于 $\gamma(\omega_{\mathrm{c}}{}')$ 的频率，并以该点的频率作为校正后系统的新截止频率 $\omega_{\mathrm{c}}{}'$。

（4）求滞后网络的 b 值，找到原系统在 $\omega_{\mathrm{c}}{}'$ 处的对数幅频值 $L_0(\omega_{\mathrm{c}}{}')$，由

$$L_0(\omega_{\mathrm{c}}{}') - 20\lg b = 0 \qquad (6-25)$$

求出 b 值。

（5）确定滞后校正环节的传递函数。选取校正环节的第二个转折频率为

$$\omega_2 = \frac{1}{bT} \approx \left(\frac{1}{10} \sim \frac{1}{5}\right)\omega_{\mathrm{c}}{}' \qquad (6-26)$$

由此可计算出 T 值，即可求得滞后校正环节的传递函数

$$W_{\mathrm{c}}(s) = \frac{1 + bTs}{1 + Ts}$$

（6）绘制校正装置和校正后系统的对数频率特性曲线 $L_{\mathrm{c}}(\omega)$、$\varphi_{\mathrm{c}}(\omega)$、$L(\omega)$ 和 $\varphi(\omega)$。

（7）校验校正后的系统是否满足性能指标的要求。若校正后的系统满足要求，则设计工作结束。反之，若校正后的系统仍不满足要求，可进一步左移 $\omega_{\mathrm{c}}{}'$ 后重新计算，直至所有指标完全满足要求为止。

6.2.3　相位滞后-超前校正

相位超前校正可增加频带宽度，提高系统的快速性，并增加稳定裕度，改善系统的振荡情况。滞后校正可解决提高稳态精度与振荡性的矛盾，但会使频带变窄。为了兼顾系统动态品质、稳态精度、快速性和震荡性，可同时采用超前和滞后校正，并配合增益的合理调整。

滞后-超前校正又称为积分-微分校正。鉴于超前校正的转折频率应选在系统中频段，而滞后校正的转折频率应选在系统的低频段，故滞后-超前校正装置的传递函数一般形式为

$$W_{\mathrm{c}}(s) = \frac{(1 + bT_1 s)(1 + aT_2 s)}{(1 + T_1 s)(1 + T_2 s)} \qquad (6-27)$$

式中，$a > 1$，$b < 1$，且 $bT_1 > aT_2$。

用频率特性法设计滞后-超前校正的步骤如下：

（1）根据稳态误差的要求，选择合适的开环增益 K。

（2）根据已确定的开环增益 K，绘制原系统的对数频率特性 $L_0(\omega)$ 和 $\varphi_0(\omega)$，并计算

其相位裕度 γ 和增益裕度 L_h。

（3）在待校正系统的对数幅频特性曲线上，选择斜率从 -20 dB/dec 变为 -40 dB/dec 的转折频率作为校正环节超前部分的第一个转折频率 $\omega_3 = \dfrac{1}{T_2}$。

ω_3 的这种取法，可以降低校正后系统的阶次，且可保证中频段斜率为期望的 -20 dB/dec，并占据一定的频带宽度。

（4）根据响应速度的要求，选择系统的截止频率 ω_c' 和校正环节的衰减因子 b 值，并保证校正后的系统截止频率在 ω_c' 处，且

$$20\lg b = L_0(\omega_c') + 20\lg \frac{\omega_c'}{\omega_3} \tag{6-28}$$

上式中，$L_0(\omega_c') + 20\lg \dfrac{\omega_c'}{\omega_3}$ 可由待校正系统对数幅频特性的 -20 dB/dec 延长线在 ω_c' 处的数值确定。由式（6-28）求出 b 值。

（5）确定滞后部分的转折频率。选取校正环节的第二个转折频率为

$$\omega_2 = \frac{1}{T_1} \approx \left(\frac{1}{10} \sim \frac{1}{5}\right)\omega_c' \tag{6-29}$$

再根据已求得的 b 值，可以确定滞后部分的第一个转折频率 $\omega_1 = \dfrac{1}{bT_1}$。

（6）确定超前部分的转折频率。超前部分的第一个转折频率 $\omega_3 = \dfrac{1}{T_2}$ 已选定，第二个转折频率 $\omega_4 = \dfrac{b}{T_2}$。

（7）绘制校正装置和校正后系统的对数频率特性曲线 $L_c(\omega)$、$\varphi_c(\omega)$、$L(\omega)$ 和 $\varphi(\omega)$。

（8）校验校正后的系统是否满足性能指标的要求。

习　题

6.1　什么是系统校正？系统校正有哪些方法？

6.2　说明相位超前和滞后校正的频率特性，它们各自有哪些特点？

6.3　设单位负反馈系统的开环传递函数为

$$W_K(s) = \frac{K}{s(s+1)}$$

试设计一个串联超前校正装置，使系统满足如下指标要求：在单位斜坡信号作用下，稳态误差 $e_{ss} \leqslant \dfrac{1}{15}$；相位裕度 $\gamma \geqslant 45°$；截止频率 $\omega_c \geqslant 7.5$ rad/s。

6.4　已知单位负反馈系统的开环传递函数为

$$W_K(s) = \frac{4}{s(2s+1)}$$

试设计一个串联滞后校正装置，使系统的相位裕度 $\gamma \geqslant 40°$，并保持开环增益不变。

6.5　已知单位负反馈系统的开环传递函数为

$$W_K(s) = \frac{8}{s(2s+1)}$$

若采用滞后-超前校正装置

$$W_c(s) = \frac{(10s+1)(2s+1)}{(100s+1)(0.2s+1)}$$

对系统进行串联校正,试绘制校正前后的对数幅频渐近特性曲线,并计算系统校正前后的相位裕度 γ。

6.6　已知单位反馈系统为最小相位系统,其固定不变部分的传递函数为 $W_0(s)$ 和串联校正装置 $W_c(s)$ 分别如图 6-8 所示。要求:

（1）写出校正后各系统的开环传递函数;

（2）分析各校正装置 $W_c(s)$ 对系统的作用,并比较其优缺点。

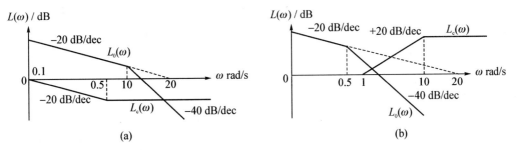

图 6-8　串联校正系统

第七章　MATLAB 在控制系统中的应用

7.1　控制系统数学模型的 MATLAB 描述

控制系统的分析和设计离不开数学模型,由前面几章可知,传递函数在系统分析和设计时起到很重要的作用,本节主要介绍传递函数的 MATLAB 描述。

7.1.1　传递函数模型

设线性定常系统的传递函数一般形式为

$$W(s) = \frac{X_c(s)}{X_r(s)} = \frac{b_0 s^m + b_1 s^{m-1} + \cdots + b_{m-1} s + b_m}{a_0 s^n + a_1 s^{n-1} + \cdots + a_{n-1} s + a_n}$$

在 MATLAB 中可以用分子、分母系数向量 num、den 来表示传递函数 $W(s)$,实现函数为 tf(),其调用格式如下:

num＝$[b_0, b_1, \cdots, b_{m-1}, b_m]$;％分子多项式的 MATLAB 表示

den＝$[a_0, a_1, \cdots, a_{n-1}, a_n]$;％分母多项式的 MATLAB 表示

sys＝tf(num,den)　　　　　％分子、分母多项式生成的传递函数模型

需要注意的是,构成分子分母的向量应按照降幂排列,缺项部用 0 补齐。

例 7-1　已知某控制系统的传递函数为

$$W(s) = \frac{s^3 + 2s^2 + 5s + 8}{s^4 + 6s^3 + 8s^2 + 2s + 6}$$

用 MATLAB 语句建立其传递函数模型。

解:MATLAB 程序如下:

＞＞num＝[1,2,5,8];den＝[1,6,8,2,6];

＞＞sys＝tf(num,den)

程序运行结果为

sys＝

s^3＋2s^2＋5s＋8

———————————————————————————

s^4＋6s^3＋8s^2＋2s＋6

在 MATLAB 中多项式乘法处理函数调用格式为

C=conv(A,B)

式中,A 和 B 分别表示一个多项式,而 C 为 A 和 B 多项式的乘积多项式。

例 7－2　已知多项式 $A(s)=s+1,B(s)=s^2+2s+1$,求 $C(s)=A(s)B(s)$。

解:MATLAB程序如下:

>>A=[1,1];B=[1,2,1];

>>C=conv(A,B)

程序运行结果为

C=

　1　　3　　3　　1

即得出的 $C(s)$ 多项式为

$$C(s) = A(s)B(s) = (s+1)(s^2+2s+1) = s^3+3s^2+3s+1$$

MATLAB 提供的 conv() 函数的调用允许多级嵌套。

例 7－3　已知某控制系统的传递函数为

$$W(s) = \frac{(s+1)(s^2+2s+1)^2}{s^2(s+2)(s^3+2s^2+4s+3)}$$

用 MATLAB 语句建立其传递函数模型。

解:MATLAB程序如下:

>>num=conv([1,1],conv([1,2,1],[1,2,1]));

>>den=conv([1,0,0],conv([1,2],[1,2,4,3]));

>>W=tf(num,den)

程序运行结果为

W=

s^5+5s^4+10s^3+10s^2+5s+1

————————————————————————————————

s^6+4s^5+8s^4+11s^3+6s^2

7.1.2　零极点模型

零极点模型实质上是传递函数的另一种表示形式。在 MATLAB 中可以先用向量的形式输入系统的零极点,之后调用 zpk() 函数就可以构造系统传递函数的零极点模型。

zpk() 函数的调用格式为

z=[z1;z2;…;zm];

p=[p1;p2;…;pn];

sys=zpk(z,p,k)　　%　　z 为零点向量;p 为极点向量;k 为根轨迹增益。

例 7－4　已知某控制系统的传递函数为

$$W(s) = \frac{5(s+1)(s+4)}{(s+2)(s+3)(s+8)}$$

用 MATLAB 语句建立其零极点模型。

解:MATLAB程序如下:

>>z=[-1,-4];p=[-2,-3,-8];k=5;

```
>>W=zpk(z,p,k)
```
程序运行结果为

sys=

$$\frac{5(s+1)(s+4)}{(s+2)(s+3)(s+8)}$$

7.1.3 MATLAB 在系统方框图化简中的应用

利用 MATLAB 可以将各部分的传递函数连接起来构成一个闭环控制系统,通常通过等效的方法来实现。MATLAB 工具箱提供了系统模型串联、并联和反馈连接的函数。

1. 串联连接

串联连接函数 series() 的调用格式如下:

sys=series(sys1,sys2)   %两个单输入单输出系统模型的串联

2. 并联连接

并联连接函数 parallel() 的调用格式如下:

sys=parallel(sys1,sys2)   %两个单输入单输出系统模型的并联

3. 反馈连接

反馈连接函数 feedback() 的调用格式如下:

sys=feedback(sys1,sys2,sign)   %生成由 sys1 和 sys2 构成的反馈系统传递函数,sys1 为前向通道传递函数,sys2 为反馈通道传递函数,sign 表示反馈极性,当 sign=1 时,为正反馈;当 sign=−1 时,为负反馈,此时 sign 可忽略。

例 7 - 5 已知系统结构图,如图 7 - 1 所示。其中 $W_1(s)=\dfrac{7s+4}{s}$, $W_2(s)=\dfrac{s^3+5s^2+4s+24}{s^4+25s^2+40s+24}$, $W_3(s)=\dfrac{1}{0.2s+1}$,试用 MATLAB 求出闭环传递函数。

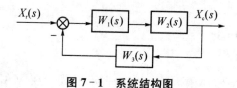

图 7 - 1 系统结构图

解:MATLAB 程序如下:
```
>>sys1=tf([7,4],[1,0]);
>>sys2=tf([1,5,4,24],[1,0,25,40,24]);
>>sys3=series(sys1,sys2);
>>sys4=tf([0,1],[0.2,1]);
>>sys=feedback(sys3,sys4)
```
程序运行结果为

sys=

$$\frac{1.4s^5+14.8s^4+48.6s^3+84.8s^2+203.2s+96}{0.2s^6+s^5+12s^4+72s^3+92.8s^2+208s+96}$$

7.2 用 MATLAB 进行时域分析

7.2.1 典型外作用的时域响应

1. 单位脉冲响应

在 MATLAB 中可以用 impulse( )函数实现单位脉冲响应曲线的求解,impulse( )函数的调用格式为

[y,x,t]=impulse(sys,t)

或

impulse(sys,t)

式中,y 为输出响应;x 为状态响应;t 为仿真时间。

2. 单位阶跃响应

在 MATLAB 中可以用 step( )函数实现单位阶跃响应曲线的求解,step( )函数的调用格式为

[y,x,t]=step(sys,t)

或

step(sys,t)

3. 斜坡响应

在 MATLAB 中,没有斜坡响应命令。若要求解系统斜坡响应,需要用其单位阶跃响应的积分来表示。故当求传递函数为 $W(s)$ 的斜坡响应时,可先用 s 除以 $W(s)$,然后再利用阶跃响应命令即可求得斜坡响应。

4. 任意函数作用下的系统响应

MATLAB 可以实现任意函数作用下的系统响应,输入响应函数为 lsim( ),其调用格式为

[y,x,t]=lsim(sys,u,t)

式中,y 为输出响应;x 为状态响应;t 为仿真时间;u 为系统输入信号。

例 7 - 6 用 MATLAB 绘制一阶系统 $W(s)=\dfrac{1}{s+1}$ 的单位阶跃、单位脉冲以及单位斜坡响应曲线。

解:MATLAB 程序如下:

```
>>step(tf([1],[1,1]),10)        %绘制单位阶跃响应曲线
>>figure(2)                     %打开新的绘图窗口
>>impulse(tf([1],[1,1]),10)     %绘制单位脉冲响应曲线
>>figure(3)
>>step(tf([1],[1,1,0]),10)      %绘制单位斜坡响应曲线
```

程序运行后可得如图 7 - 2 所示的响应曲线。

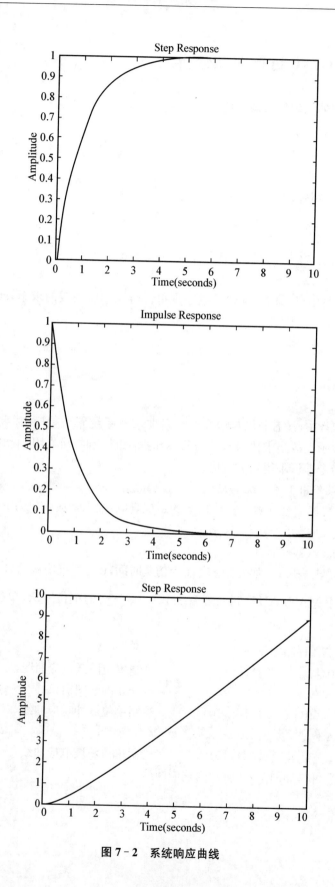

图 7 - 2　系统响应曲线

例 7 - 7　已知系统的传递函数为

$$W(s) = \frac{1}{s^2 + 2s + 6}$$

试求系统的正弦输入响应。

解：MATLAB 程序如下：

$>>$sys＝tf([1],[1,2,6])；

$>>$t＝0：0.01：10；

$>>$u＝sin(t)；

$>>$lsim(sys,u,t)

程序运行后可得如图 7 - 3 所示的响应曲线。

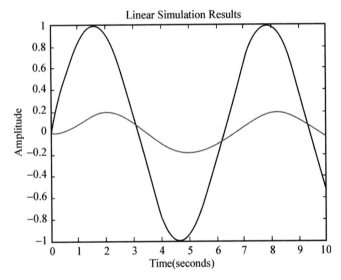

图 7 - 3　系统正弦信号输入下的响应曲线

7.2.2　系统稳定性分析

在 MATLAB 中可以调用 roots( ) 函数来求闭环特征方程的根（闭环极点）。roots( ) 函数调用格式如下：

　　roots(p)　　%p 表示闭环特征多项式的系数向量，按降幂排列，空项系数补 0

例 7 - 8　已知某系统闭环特征方程为 $D(s) = s^4 + 16s^3 + 80s^2 + 17s + 10 = 0$，试用 MATLAB 指令判断闭环系统的稳定性。

解：MATLAB 程序如下：

$>>$p＝[1,16,80,17,10]；

$>>$roots(p)

ans＝

　−7.9027＋3.7870i

　−7.9027−3.7870i

　−0.0973＋0.3475i

　−0.0973−0.3475i

根据 MATLAB 运行结果可以看出，系统有两对具有负实部的共轭复数根，没有 s 平面上的根，故闭环系统稳定。

7.3　用 MATLAB 绘制系统的根轨迹图

利用 MATLAB 绘制系统根轨迹是很方便、准确的，并可以对根轨迹进行分析。下面介绍 MATLAB 中与绘制根轨迹有关的函数及其指令格式。

1. 绘制根轨迹函数 rlocus( )

函数 rlocus( )用于绘制根轨迹图，其函数命令调用格式如下：

rlocus(sys)

rlocus(sys,k)

2. 计算与根轨迹上点对应的根轨迹增益函数 rlocfind( )

函数 rlocfind( )用于确定根轨迹上某一点的增益 K 和该点所对应的 n 个闭环特征根，其函数命令调用格式如下：

[k,poles]＝rlocfind(sys)

[k,poles]＝rlocfind(sys,p)

函数式中，p 为根轨迹上某点的值；k 为返回的根轨迹上某点的增益；poles 为返回该点的 n 个闭环特征根。

例 7-9　已知某单位负反馈系统的开环传递函数为

$$W_K(s) = \frac{K}{s(s+4)(s^2+4s+20)}$$

试用 MATLAB 指令绘制闭环系统的根轨迹图。

解：MATLAB 程序如下：

$\gg$num＝1;

$\gg$den＝conv([1,0],conv([1,4],[1,4,20]));

$\gg$sys＝tf(num,den);

$\gg$rlocus(sys)

程序运行后可得如图 7-4 所示的根轨迹图。

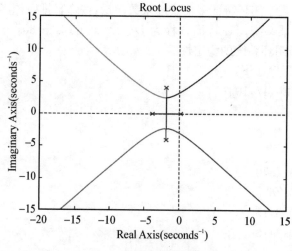

图 7-4　根轨迹图

7.4　MATLAB 在频域分析中的应用

MATLAB 中有用于系统频域分析的函数,利用这些函数可方便地绘制系统的奈奎斯特图和伯德图,并可得到系统的相位裕度和幅值裕度,可避免复杂的计算。

1. 奈奎斯特图函数 nyquist( )

函数 nyquist( )用于绘制系统奈奎斯特图,其函数命令调用格式如下:

nyquist(sys)　%绘制系统开环奈奎斯特图,频率 ω 自动给定($-\infty,+\infty$)

nyquist(sys,w)　%绘制系统开环奈奎斯特图,频率 ω 人工设定

[re,im,w]＝nyquist(sys)　%不绘图,返回变量格式。re 为频率特性函数实部,im 为频率特性函数虚部

2. 伯德图函数 bode( )

函数 bode( )用于绘制系统伯德图,其函数命令调用格式如下:

bode(sys)　%绘制系统开环伯德图,频率 ω 自动给定($-\infty,+\infty$)

bode(sys,w)　%绘制系统开环伯德图,频率 ω 人工设定

[m,p,w]＝bode(sys)　%不绘图,返回变量格式。m,p,w 分别为返回的幅值向量、相角向量和频率向量

3. 稳定裕度函数 margin( )

函数 margin( )用于计算系统的相角裕度和幅值裕度,其函数命令调用格式如下:

[h,r,wg,wp]＝margin(sys)　%不绘图,返回变量格式。返回幅值裕度 h(若用分贝表示,需进行 $Gm=20\lg h$ 的换算)和对应的频率 ω_g,相位裕度 γ 和对应的频率 ω_c。

例 7 - 10　已知开环传递函数为

$$W_K(s) = \frac{1}{s(s+2)}$$

用 MATLAB 绘制其奈奎斯特图。

解:MATLAB 程序如下:

>>num＝1;

>>den＝[1,2,0];

>>sys＝tf(num,den);

>>nyquist(sys)

程序运行后可得如图 7 - 5 所示的奈奎斯特图。

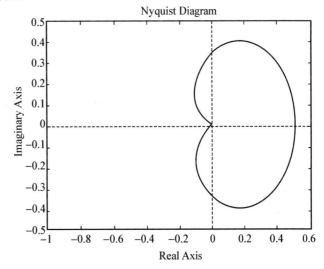

图 7 - 5　奈奎斯特图

例 7-11 已知开环传递函数为

$$W_K(s) = \frac{10}{s(s+2)(s+5)}$$

用 MATLAB 绘制其伯德图。

解: MATLAB 程序如下:

```
>>num=10;
>>den=conv([1,0],conv([1,2],[1,5]));
>>sys=tf(num,den);
>>bode(sys);
>>grid on
```

程序运行后可得如图 7-6 所示的伯德图。

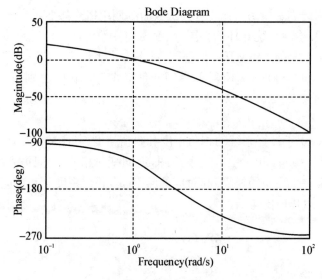

图 7-6　伯德图

例 7-12 已知单位反馈系统的开环传递函数为

$$W_K(s) = \frac{2}{s(s+1)(0.2s+1)}$$

用 MATLAB 求系统的幅值裕度和相位裕度,并判断系统的稳定性。

解: MATLAB 程序如下:

```
>>num=2;
>>den=conv([1,0],conv([1,1],[0.2,1]));
>>sys=tf(num,den);
>>bode(sys);
>>grid on;
>>[h,r,wg,wc]=margin(sys)
```

程序运行结果为:

h=

3.0000

r＝

25.3898

wg＝

2.2361

wc＝

1.2271

程序运行后可得如图 7－7 所示的伯德图。

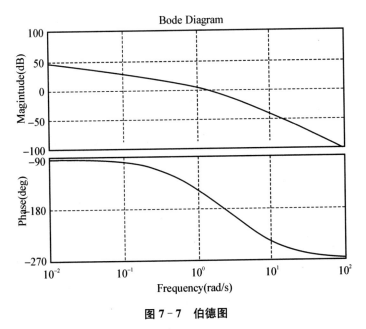

图 7－7　伯德图

由程序运行结果可知,系统的幅值裕度和相位裕度均大于 0,故闭环系统稳定。

参考文献

［1］王建辉,顾树生.自动控制原理［M］.北京:清华大学出版社,2007

［2］程鹏.自动控制原理［M］.北京:高等教育出版社,2004

［3］胡寿松.自动控制原理［M］.3 版.北京:科学出版社,2001

［4］冯巧玲.自动控制原理［M］.北京:北京航空航天大学出版社,2003

［5］孙凡才.自动控制原理与系统［M］.2 版.北京:机械工业出版社,1995

［6］王建辉.自动控制原理习题详解［M］.北京:冶金工业出版社,2005

［7］张晋格.自动控制原理［M］.哈尔滨:哈尔滨工业大学出版社,2003

［8］黄坚.自动控制原理及其应用［M］.北京:高等教育出版社,2004

［9］陈丽兰.自动控制原理教程［M］.北京:电子工业出版社,2006

［10］陈铁牛.自动控制原理［M］.北京:机械工业出版社,2006

［11］韩全立.自动控制原理与应用［M］.西安:西安电子科技大学出版社,2006

［12］陈小琳.自动控制原理例题习题集［M］.北京:国防工业出版社,1982

［13］张平.MATLAB 基础与应用简明教程［M］.北京:北京航空航天大学出版社,2001